我是发明家

赋予青少年创造力的实战手册

KIDS INVENTING!

A Handbook for Young Inventors

[美] 苏珊·凯西(SUSAN CASEY)◎著
马丹 杨萃◎译

四川人民出版社

图书在版编目（CIP）数据

我是发明家：赋予青少年创造力的实战手册 / (美)苏珊·凯茜著；马丹，杨萃译. -- 成都：四川人民出版社，2017.1（2019.10重印）

ISBN 978-7-220-09996-0

Ⅰ.①我… Ⅱ.①苏… ②马… ③杨… Ⅲ.①创造发明—青少年读物 Ⅳ.①N19-49

中国版本图书馆CIP数据核字(2016)第291544号

我是发明家

赋予青少年创造力的实战手册

（美）苏珊·凯茜 / 著　马丹　杨萃 / 译

责任编辑　韩　波
封面设计　仙境书品
版式设计　戴雨虹
责任校对　蓝　海
责任印制　许　茜

出版发行　四川人民出版社（成都槐树街2号）
网　　址　http://www.scpph.com
E-mail　scrmcbs@sina.com
新浪微博　@四川人民出版社
微信公众号　四川人民出版社
发行部业务电话　（028）86259624　86259453
防盗版举报电话　（028）86259624
照　　排　四川胜翔数码印务设计有限公司
印　　刷　成都蜀通印务有限责任公司
成品尺寸　185mm×260mm
印　　张　9.5
字　　数　187千
版　　次　2017年2月第1版
印　　次　2019年10月第2次印刷
书　　号　ISBN 978-7-220-09996-0
定　　价　28.00元

中文版序
Foreword

翻开报纸，打开电视，你看到的、听到的最多的词汇，就是创新——今日中国的高频词。其实，创新就是发明。

发明，仿佛是科学家的事，跟你的距离就像天上的星星那么遥远。

读了放在你面前的这本书《我是发明家》，你马上就会说：“哦，发明，远在天边，近在眼前！”

《我是发明家》告诉你，发明可以从身边做起。比如，美国的小女孩苏珊娜·古丁，才上小学一年级，就有了一项获奖的发明：她原本不喜欢喂猫，嫌那些猫食粘在勺子上，清理起来很麻烦。后来她用面团做了一把小勺子，经过烘焙，变成勺子饼干。用这样的勺子来喂猫，再也不用清洗，因为猫吃完猫食之后，把那勺子饼干也津津有味地吃进肚子。

苏珊娜·古丁能够成为小小发明家，你也一定能做到。《我是发明家》里有许许多多这样的孩子成为发明家的故事，鼓励你去做发明家。

不过，这本书又说：“发明是不易被发现的创新。换言之，并非所有人都会发明。”

这又是为什么呢？

任何发明家，必须做到善于“两动”：

第一是善于动脑。这包括善于观察，善于思索，善于出点子；

第二是善于动手。也就是把你的设想，用手做出来，成为发明。

这本《我是发明家》最大的优点，就是讲述孩子们种种伸手可及的发明，比如自动翻书机，比如打棒球的护甲，比如伸缩式自行车挡泥板，比如一次性尿布……每一个故事都讲了小小发明家怎样动脑，然后又怎样动手，终于如何获得成功的。

与其给你黄金，不如给你点石成金的手指头。这本《我是发明家》不仅仅告诉各位小朋友曾经有过什么样的发明，而是一本富有启发的书，启发你的思索，启发你的灵感，启发你去创新，启发你成为发明家。

我很喜欢这本书。我向你郑重其事地推荐这本书——《我是发明家》。

你的大朋友

叶永烈

2016年11月25日写于上海

序
Foreword

在很多人看来，成为发明家的想法似乎是难以想象的，而事实上每个人都具有先天的好奇心和探索欲。孩子们会从身边的物理环境找到各种各样新的发现。新的感官印象——景色、气味、味道和声音，等等，都能提高他们对世界的认知。父母和老师的新想法也会不断激发他们的创意。

发明是将人们常用的部件和新的、意想不到的部件相结合，得到与现有事物完全不同的全新结果。一项发明可能来自发明家脑中“我想到了！”这样的灵机一动。这种类型的发明通常是以往积累的知识、经验和记忆为基础的。一项发明也可能是经过了多年的研究和反复试验才产生的结果。

其实我们每个人都已经具备了发明家的特点和品质。但是，想要成为发明家还必须学会重新思考你身边的现实世界，跳出条条框框，以一个全新的、独特的方式来观察身边的环境。有时候这么做可能是惊世骇俗的，但正是那些打破现有世界常规的创举才成就了历史上最伟大的发明家。

一旦想象力得到激发，又有工具在手，就没有什么能够阻止你实现自己的目标了。你对发明的信心以及父母、老师和其他成年人的帮助决定了你是否能成为一个真正的发明家还是只是自娱自乐。我们每个人都有一个包含各种可能性的小宇宙。也许在你的隔壁或者同桌就住着一个未来的托马斯·爱迪生。谁知道呢？你自己也有可能成为世界最伟大的发明家，要知道我们的想象力是无限的。

《我是发明家》将带你开启发明之旅。在书中介绍了发明和营销作品的步骤，提供了丰富的参考信息，还分享了像你一样的青少年发明家故事。这本书可以帮助你成为一个真正的发明家。

作为美国未来股份有限公司（America's Future, Inc.）的合作伙伴，我们发起了在博物馆展出和珍藏最优秀的学生发明活动。我们发现，虽然很多青年发明家在当地、本州甚至国家范围都通过各种竞赛、展览和比赛获得了认可，但一旦获得最初奖励，就无法再继续保留了。自1996年成立以来，全美青少年发明家名人堂每年都会新增六项美国青少年发明。通过认可、保护这些发明，也褒奖了所有青少年发明家的贡献。

如果想了解其他青少年发明家的发明成果，请访问我们的网站www.pafinc.com并点击“National Gallery for America's Young Inventors”（全美青少年发明家名人堂）。

尼古拉斯· 弗兰科维茨（Nicholas D. Frankovits），执行理事

利拉 · 盖伊 · 埃文斯（Leila Gay Evans），助理执行理事

全美青少年发明家名人堂

致谢

Acknowledgments

写作这类型的书需要许多的帮助和合作。在此，我要向所有和我分享他们发明故事的青少年发明家以及他们家长和老师表示由衷的感谢。还要感谢我的编辑凯特·布拉德福德（Kate Bradford），感谢她的远见、指导和智慧，特别是她对我的理解和包容。同样非常感谢威利出版公司的金百利·门罗-希尔（Kimberly Monroe-Hill）和康斯坦斯·桑蒂斯特班（Constance Santisteban），感谢他们对细节的关注。此外还要感谢我的代理人希尔·贝科夫斯基（Sheree Bykofsky）和珍妮特·罗森（Janet Rosen），没有他们的努力就没有这本书。此外，美国专利和商标局（USPTO）的露丝·奈伯德（Ruth Nyblod）和凯瑟琳·麦克丹尼尔（Katherine McDaniel）也为本书提供了巨大的帮助。还要特别感谢盖伊·埃文斯（Gay Evans）、尼克·弗兰科维茨（Nick Frankovits）和苏·莱昂斯（Sue Lyons），感谢他们与美国未来公司的合作和其他各种帮助。我还要感谢以下朋友给我提供的建议和帮助，他们是：来自“勒梅尔森-麻省理工学院项目（Lemelson-MIT Program）”的克里斯廷·芬恩（Kristin Finn）、“ExploraVision发明大赛”的琳达·赫勒（Linda Heller）、代表“工艺师/NSTA青少年发明者奖励计划（Craftsman/NSTA Young Inventors Awards Program）”的卡罗尔·希曼茨（Carol Simantz）、“爱荷华州发明大赛（Invent Iowa）”的克拉·鲍尔达斯（Clar Baldus）、明尼苏达州双子城区“青少年发明博览会项目（Young Inventors Fair and Program）”的凯茜·麦克唐纳（Cathy MacDonald）和By Kids For Kids的诺姆·戈尔茨坦（Norm Goldstein）。美国发明家协会的帕梅拉·里德尔·伯德（Pamela Riddle Bird）和福里斯特·伯德博士（Forrest Bird），以及各位老师：乔恩·胡德（Jon Hood）、比尔·丘奇（Bill Church）、理查德·琼斯（Richard Jones）、里奇·法希阿诺（Rich Fasciano）和教练们：克里斯滕·豪根（Kristen Haugen）、琼·赫德（Joan Hurd）、乔·安·克拉克（Joe Ann Clark）、贾尼丝·汉森（Janice Hansen），还有导师约翰·麦康奈尔（John McConnell），都给我带来了极大的帮助和启发，在此一并感谢！

同样十分感谢来自科学服务社（Science Service）的克里夫·坦纳（Cliff Tanner），哥伦布奖学金基金会（Christopher Columbus Fellowship Foundation）的朱迪思·谢伦伯格（Judith Shellenberger）和斯蒂芬妮·霍尔曼（Stephanie Hallman），“西门子西屋数学与科技大赛”（Simens Westinghouse Competition in Math, Science & Technology）的玛丽·金泰尔（Marie Gentile），狂野星球玩具（Wild Planet Toys）的金·布拉彻尔（Kim Bratcher），eCYBERMISSION的梅甘·布鲁马金（Megan Brumagin），TOYchallenge的克里斯滕·格里纳韦（Kristen Greenaway），探索频道青少年科学家挑战栏目（Discovery Channel Young Scientist Challenge）的凯蒂·斯塔克（Katie Stack）、世界儿童发明大赛（Inventive Kids Around the World Contest）的安妮·伍德（Annie Wood）和SD色彩实验室（SD Color Lab）的萨基（Saki）。

我还想感谢弗兰克·托宾（Frank Tobin）“把握今天”的理念，还为我提供了旅行的机会，让我能遇见这么多年轻的发明家。这本书也不能没有朱迪丝·马洛尼（Judith Maloney）的功劳，她在项目开始之初就为我提供帮助。我还很感谢卡罗琳·哈顿（Caroline Hatton）、雷切尔·龙贝格·蒂贝（Rachelle Romberg Tuber）、玛丽·罗斯·奥利里（Mary Rose O'Leary）、米歇尔·马克尔（Michelle Markel）和南希·兰姆（Nancy Lamb）对本书的慷慨付出和细致校对。

就个人而言，我十分感激奥格伦（Ogren）一家的热情和所有一直支持我的朋友，特别是卢（Lou）、雷切尔（Rachel）、苏珊（Susan）、安妮（Anne）、丹尼斯（Denis）、玛丽（Mary）、雨果（Hugo）、唐维芙（Donvieve）、卡丽（Carrie）和图书俱乐部的成员们。特别感谢霍华德·卡茨曼（Howard Katzman）。最重要的是要感谢家人给予我的爱和支持，特别是我亲爱的侄女和侄子们。

目录
Contents

前言

Introduction

当你在电视或报纸上看到少儿发明家时，是否也曾想到“我也可以”？没错，你也行。孩子们一直在不断发明、制作小玩具和便捷的工具。大多数孩子根本没有意识到他们自己是发明家。然而，也有一些孩子已经成功销售了自己的发明，还因此名声大振。

现在已经有越来越多的孩子参与到发明创作中。也许你也曾经梦想成为一名发明家。也许你现在已经是发明家了。又或者你已经参加过学校的发明竞赛或全国比赛，但你还想更进一步。我还可以参加什么比赛？专利是什么？商标又是什么？小朋友们真能卖掉自己的发明吗？我要怎样才能做到呢？

这本书将引导你将创意变成现实，将你从一个想要解决问题的孩子转变成真正的发明家。也许你会发现发明过程中真正吸引你的地方：例如获得好的创意，制作模型，记录日志，为你的发明命名，向别人展示你的创意，成为团队的一部分或与导师一起创作，甚至销售你的发明。

书中介绍的青少年发明家的故事会对你有所启发。他们在发明过程中虽然会碰到各种困难却也充满了乐趣。他们中有的人赚了钱，有的还赢得了奖学金，但他们无一例外都是乐观主义者。他们相信自己能够解决不同阶段出现的各类问题，享受解决问题带来的成就感，最终取得了振奋人心的惊人成果。

作为青少年发明家还有属于自己的专属奖励，其中之一就是无比自豪地说出“我是一个发明家”。发明是一段环环相扣、精彩纷呈的发现之旅。现在，就请翻开下一页，开始你的发明之旅吧！

第1章 获得一个好创意

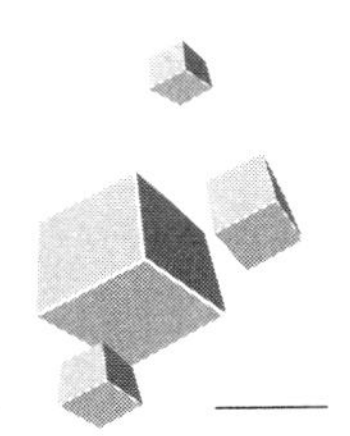

设想你生活在1900年。那时候发明了灯泡和汽船。你会看到焰火表演，出行靠乘坐火车。你已经可以使用1849年发明的安全别针，1883年发明的收银机，1893年发明的拉链，但还要等三年才会看到莱特兄弟成功驾驶自己发明的飞机，再等十几年才会听到无线电广播，再过51年才能看到黑白电视机，77年后才出现第一台个人电脑，89年后才能玩视频游戏。孩子，这一切的变化和进步都归功于发明。

而所有的发明都源于创意。发明家擅长对日常问题创造合适的解决方案，思考新的工作方法，而其中的一些发明家都是孩子。

孩子们在1900年以前就开始发明了。让我们来看下面两个例子：

• 1864年，15岁的乔治·威斯汀豪斯（George Westinghouse）在父亲的工厂工作。其间他反复试验改进蒸汽机的方法，最终在四年后获得了旋转式蒸汽机的专利。

• 1850年，新罕布什尔州有一个名叫玛蒂·奈特（Mattie Knight）的12岁女孩，她经常用自己的工具给兄弟们做玩具。她曾见到一起发生在哥哥们工作的纺织厂的事故，当时一台机器发生了断裂，造成一名工人受伤。因此，她发明了一个安全装置，纺织厂主通过它

发明人的话

“想要获得好创意，就要善于从生活中发现问题并尝试找到解决问题的办法。”

——克里丝塔·莫兰（Krysta Morlan），水上自行车发明人

就可以防止类似事故的发生。玛蒂一生共获得了27项专利。

发明是不易被发现的创新。换言之，并非所有人都会发明。当看到一项新的发明，人们可能会说："哇，真棒！这个我以前从没有见过，也许我可以用用看。"

一些革命性的发明彻底改变了我们的生活，如灯泡、收音机、火车或汽车发动机和电话等。还有的发明则改善了我们生活的某方面，如溜冰鞋、圆珠笔和双筒望远镜等。

发明的形式多种多样。它也许没有任何活动部件，例如铅笔。它也可以和电梯一样是一台机器。还可以是一种新的植物，比如番茄。还可以是一种设计，比如椅子；或一个全新的概念，比如蛋卷冰淇淋。它还可以是一个流程、一系列步骤。通过这些步骤可以生产抗癌或治疗其他疾病的药物，或调制新口味的沙拉酱。甚至还可以是游戏或编程的一系列步骤。

在现有发明基础上进行改进的发明称为创新。比如自行车，它其实是一个古老的创意。已经在中国古代文献中发现了两轮车。埃及的方尖碑上也刻有古埃及人坐在安装两个轮子的木条上的象形文字。1790年发明现代自行车时并没有踏板，需要用双脚推动车辆。一直到1839年现代踏板才被发明。从此自行车变得更加受欢迎，但那时的车轮全部由金属打造，骑起来并不舒适。随着1888年充气轮胎的发明，自行车的舒适性得到极大提高。此后自行车的创新越来越多。就在你阅读本书的时候，我们日常使用的各种工具也正在不断被改进，例如电视机、洗衣机、网球拍和汽车发动机。

寻找需要解决的问题

能发明什么？怎样将创意变成发明？在每天的日常生活中，可以把发明创造变成一种习惯。我们每天在饮食起居、家务劳动、学习、运动、欣赏音乐、购物、电话沟通、电脑上网等等都享受着发明带来的某方面便利。1860年，后来成为塞拉俱乐部创始人的约翰·缪尔（John Muir）发明了一种可以自动翻页的学习桌，17岁的缪尔在威斯康星州农业博览会上展示了他精心设计的发明。

头脑风暴

头脑风暴是启发发明创意的一种方法，通过组织小伙伴或同学针对一个问题集思广益，彼此共享解决问题的办法。例如，如何简化你的工作，怎样携带东西更容易，或一个新游戏玩法。虽然头脑风暴通常需要多人共同完成，但你也可以尝试自己进行头脑风暴，即使同时还在做其他事情也不会受到影响。

你可以抛出任何想法，即使有些想法听起来很疯狂。几十年前，一个孩子在头脑风暴时提出了远程控制真空吸尘器的想法。这在那个时候听起来不可思议，但今天却实现了。自由发挥在运动、玩具、电脑、环境和社区方面的创意。想想你的家人或其他家庭关心的问题。抓住创意在脑中灵光一闪的机会，尽情发挥，同时启发一个接一个的新鲜想法，最终，其中的一些想法会显得不那么疯狂。一定要在日志或日记中记下所有的想法。

解决日常生活问题的发明创意往往最容易被发现。你就是平时工作的专家，也最了解家人的喜好。如果生活在农场，你就很可能会发明帮助干农活的工具。如果平时会骑自行车、踢足球或打篮球，你则可能会想到运动方面的发明创意。而痴迷音乐或计算机的孩子通常会把他们的创造力集中在这些领域。如果你的父母从事广告、化工或建筑等专业领域的工作，你对这些领域的了解也许比你意识到的多得多。注意利用来自家庭和社区的知识和经验。

发明人的话

“找出可以帮助做家务的工具。我每天都需要捡很多枫香树果，所以我想，肯定有更简单的办法。”

——琳赛·克莱门特（Lindsey Clement），2001年因发明了枫香树果拾取机入选全美青少年发明家名人堂

当发明家在发现身边的问题时，他们会思考相应的解决方案。例如，玛丽昂·多诺万（Marion Donovan）在1951年率先发明了一次性尿布，意味着解决了清洗脏尿布的问题！因此，我们可以从人们的问题或需求入手思考发明创意。

如果你像大多数孩子一样希望让做家务变得容易些，想想具体的工作内容和会用到的工具。几乎家里的所有东西都有改进的空间，比如扫帚、耙子、洗碗海绵、书包、铁锹、剪刀等等。这样的例子不胜枚举。

把问题拆分成几个小部分

问题一般能被分解成多个单独部分。例如饲养宠物或给地板抛光可能看起来是件麻烦事，总有某些方面不那么让人愉快。但你需要做的是集中精力考虑该如何改进。养狗、养猫和养小鸟时遇到的最讨厌的问题是什么？清理地板也一样。想想究竟哪些是你不希望每天都做的工作？

孩子们的发明

可食用宠物勺

1987年，苏珊娜·古丁（Suzanna Goodin）在俄克拉何马州的海德罗小学上一年级。她不喜欢喂猫，因为那些食物经常粘在勺子上，清理起来很麻烦。那时她的孪生兄弟山姆（Sam）正好告诉她，他想参加“读者周刊发明大赛”，这让她突然生出一种想法：我能不能发明一种不需要清洗的勺子呢？比方说猫可以吃掉的勺子？于是她把自己的想法告诉了妈妈，随后用面团做了一个小勺子并进行了烘焙。这项发明让苏珊娜赢得了1987年“读者周刊发明大赛”的特等奖（该项比赛已不再举行，但现在有很多类似的比赛）。

仔细思考哪部分才是活动或工作的症结所在。是任务太无聊，还是花费太多时间？想想怎么样能更快做完或者怎么样让它变得有趣。如果东西太重或者很难拿到，想想怎么样让它更便于携带或者更好取用。是不是一片乱糟糟的？想想怎样把自己从一团乱麻中解救出来，思考一种更加清洁环保的方法。想想最让你心烦的问题，然后集中精力去寻找具体的解决方案。

孩子们的发明

抓地手杖

阿莉莎·佐丹（Alyssa Zordan）在康涅狄格州的托灵顿中学上七年级时，她的科学老师法夏诺（Fasciano）先生鼓励学生尝试发明并布置了发明作业。正当阿莉莎为这个作业犯愁时，她看到祖母拄着拐杖上台阶时差点滑倒。她又想起哥哥跑鞋底部有鞋钉，以便他在赛道上跑步时获得良好的抓力。把两件事结合在一起，她就想到了发明一个可以套在拐杖上的可伸缩金属管，金属管的底部有地钉，可以防止老年人在冰上行走时摔倒。她把自己的发明叫作“抓地手杖”。设计好以后，她在爸爸的帮助下开始了制作。她在制作过程中用到了金属车床和铣床，她爸爸帮她进行了焊接。阿莉莎说："我只想赢得学校的竞赛。"最后她做到了，而且还在2004年"工艺师/NSTA青少年发明者奖励计划"六年级至八年级组别中夺魁。

孩子们的发明

行李箱伴侣

你有没有拉着手提箱走很远路程的经历？是不是有时候恨不得能坐下来休息一下，哪怕一分钟也好？来自纽约布鲁克林的勒妮·斯坦伯格（Renee Steinberg）就想在这上面做点什么。于是她就发明了行李箱伴侣（Sit and Go），这是一个安装在行李箱上的折叠椅，让旅行者可以坐在上面。她因此入围了2004年"工艺师/NSTA青少年发明者奖励计划"的决赛。

勒妮·斯坦伯格坐在她发明的行李箱伴侣上

"工艺师/NSTA青少年发明者奖励计划"始于1996年，由西尔斯独家工具品牌"Craftsman"及全美科学教师协会（NSTA）联合赞助，是一项面向全美二年级到八年级学生的发明比赛。比赛的宗旨是帮助学生理解工具工作的科学原理，向他们介绍工具的使用要领，并促使他们掌握解决日常问题的方法。参赛学生必须独立构思和制作他们的工具发明，成年人可以进行指导。参赛者还需要在发明日志中记录发明的进展，并提交所发明工具的图纸和发明者使用该工具的照片。

思考自己有兴趣改进的部分

孩子们有各种各样的爱好和兴趣。在玩耍和运动中想想发明的事儿。1963年，八年级的汤姆·西姆斯（Tom Sims）受到初中木工课的启发，设计出了滑雪板然后带上它去滑雪。后来他成立了一家公司专门生产滑雪板，同时推动了单板滑雪运动的诞生。

体育是催生发明的温床。想想那些不太安全或难度较大的运动，你能不能做些什么让它变得更容易或更有趣？或者发明一种安全装置提升运动的安全性？

孩子们的发明

特拉汉护甲

在2003年“艾奥瓦州发明大赛（Invent Iowa）”中，来自迪比克的四年级学生凯文·特拉汉（Kevin Trahan）提交了一项类似救生马甲的发明，凯文称之为“特拉汉护甲”。凯文说：“很多孩子都害怕被棒球击中，但是穿上我的护甲，他们就不会害怕了。”在玩棒球时穿上护甲，可以防止胸部被棒球击中而受伤。凯文表示，穿上护甲不会影响挥杆，但如果不小心被棒球打中心脏，护甲能保护你不受伤害。

“艾奥瓦州发明大赛”始于1987年，由康妮·贝林（Connie Belin）和杰奎琳·布兰克（Jacqueline N. Blank）特长教育和人才发展国际中心协办，每年面向艾奥瓦州幼儿园到十二年级的所有学生开放，每年吸引超过三万名学生参加。

伸缩式自行车挡泥板

来自加利福尼亚州亨廷顿海滩的凯文·塞拉斯（Kevin Sellars）在七年级时发明了一种可伸缩的自行车挡泥板。凯文注意到孩子们在进行自行车跳跃或做其他技巧时往往还拆掉挡泥板，他也见过骑行者经过水坑时因为没有挡泥板弄得满身是泥。凯文和他的教父本·维奥拉（Ben Viola）合作发明了伸缩式挡泥板，挡泥板完全展开的时候共有四节。这项发明赢得了2003年的“INVENT AMERICA! 学生发明竞赛”的冠军。

“INVENT AMERICA!”始于1987年，是美国专利示范基金会的一个非盈利性教育计划，面向幼儿园到十二年级的所有学生。学校或家庭可以购买包含发明项目步骤说明和发明竞赛报名表的课程包。

音乐是许多人生活的重要组成部分。有的人听音乐，还有的人玩音乐。有的人想发明能产生新声音的乐器，还有不少人想让演奏乐器变得更容易。于是就有一些人把他们的想法变成了发明。

自动翻页装置

来自纽约州东锡托基特的克里斯托弗·曹（Christopher Cho）高中时前往朱利亚德音乐学院预科音乐课程学习中提琴，在1995年获中提琴协奏曲比赛冠军，并与朱利亚德音乐学院预科交响乐团合作了中提琴独奏表演。克里斯托弗从食品自动售货机得到灵感，发明了电池供电的自动翻页装置。当他踩下脚踏板，弹簧就会弹起自动翻页，这样他就能看到下一页乐谱继续演奏了。他在1996年入选全美青少年发明家名人堂。

> 成立全美青少年发明家名人堂的目的是为了保护和促进美国青少年创造的伟大发明。幼儿园到十二年级学生如果赢得过全国比赛、获得了专利或发明过在售产品的都可以申请。自1996年以来，每年都有六名学生入选。关于他们的详细信息，可以在www.pafinc.com上查看。

发明当然也少不了玩具。玩具发明的空间几乎是无限的，有的孩子也总是不断想出新点子。

闪电手

家住旧金山的沙希德·米尼帕拉（Shahid Minipara）想发明一种给手指加上亮光的玩具，于是他把自己的想法做成图纸，然后进入了狂野星球玩具公司举办的“儿童发明家挑战赛”。狂野星球玩具公司很喜欢这个创意，就把它开发成名为“闪电手（Light Hand）”的产品，并在全国各地销售。包装上印着沙希德的话：“手指头能发光很酷吧！”

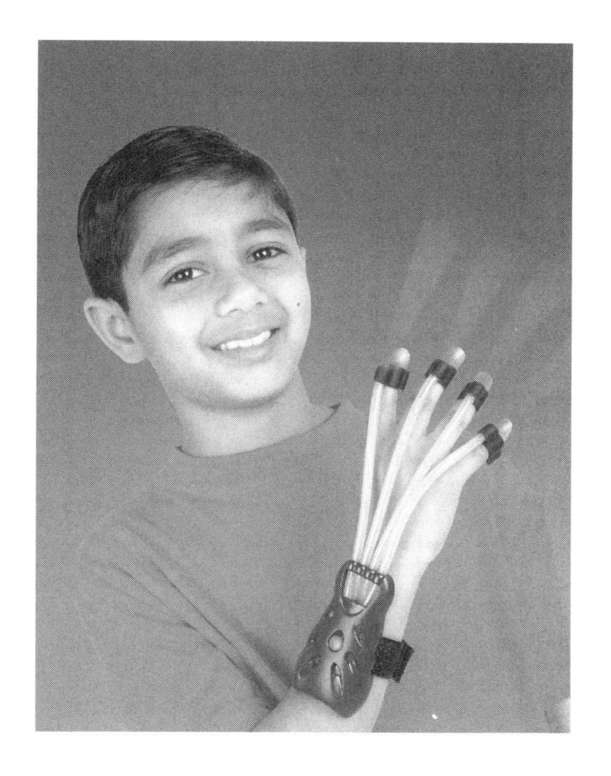

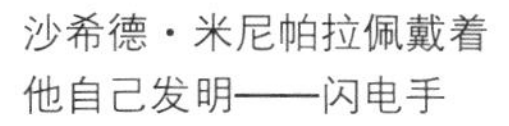
沙希德·米尼帕拉佩戴着他自己发明——闪电手

“儿童发明家挑战赛”由狂野星球玩具公司主办，向12岁及以下、家住在美国或加拿大（魁北克省除外）的孩子开放。参赛者需要为自己的发明绘制图纸并配上简要说明。部分孩子会被选为为期一年的玩具顾问，这意味着他们能得到很多免费的玩具并对这些玩具进行评价。狂野星球玩具公司会精选少数孩子的创意并进行生产和销售。

孩子们的发明

双人冲浪板

四个来自南加利福尼亚州的孩子组成了一支名为“波浪骑手”的团队，成员包括13岁的埃米（Amy）和10岁的阿莉莎·汉森（Alyssa Hansen）姐妹，以及她们的朋友——12岁的尼古拉斯·约翰逊（Nicholas Johnsen）和他10岁的妹妹凯茜（Kaycee）。他们发明了一种双人冲浪板（Boogie-2-Boogie）。这项有趣的发明配有遥控指示灯，有助于确保使用者的安全。岸上的父母认为孩子该上岸时可以按下发射器，触发红灯闪烁，这样就能提示冲浪二人组。他们的团队赢得了2004年TOYchallenge的冠军。作为赞助商之一的孩之宝为团队成员制作了玩具人偶作为奖品。

TOYchallenge面向五年级至八年级的孩子开放，要求以三到八人的团队（成员必须有一半是女孩）和一名成人教练（18岁或以上）的形式参赛。参赛者需要发明交互式玩具或游戏。在美国第一位上太空的女宇航员萨莉·赖德（Sally Ride）的组织下，史密斯学院、孩之宝、美国科学研究荣誉学会（Sigma Xi）和萨莉·赖德科学研究会共同推出这一挑战赛，旨在鼓励青少年，尤其是女孩在科学、数学和工程方面的兴趣。

电脑也许是许多人最大的业余爱好，但其实计算机可以激发很多发明创意。20世纪60年代中期，电脑还只是在办公室使用的大型机器，但来自加州森尼韦尔的13岁男孩史蒂夫·沃兹尼亚克（Steve Wozniak）建造了自己的电脑，那是一台可以玩井字棋的机器。沃兹尼亚克从小就对电子学表现出非常大的兴趣，高中时当上了电子俱乐部的主席。在接下来的十年里，他继续在他的车库里面研究电脑。1977年，他推出了苹果二号（Apple II）个人电脑，由此引发了一场技术革命，从此电脑得以普及，走进普通家庭。沃兹尼亚克于2000年入选全美发明家名人堂，他的故事激励了许许多多热爱计算机的孩子。

LZAC无损数据压缩法

艾伦·楚（Allan Chu）小学五年级时，父母给了他一个代数课使用的图形计算器。他学会了自己用它编程，还发明了很多小游戏。去参加约翰斯霍普金斯大学（Johns Hopkins University）的天才青少年夏令营时，他也带上了这个计算器。他因此出名了吗？“我的游戏倒是名声大振”，艾伦如是说。在加利福尼亚萨拉托加高中就读期间，他也不断进行计算机发明。他常常因为网络下载文件速度太慢而困扰，于是他开始研究怎样压缩在互联网中传输的文件。最后他成功提升了电子邮件的发送速度，并因此夺得2002年英特尔国际科学与工程学博览会（Intel International Science & Engineering Fair）计算机科学类别第一名。LZAC创新算法同时适用于互联网和手持设备（LZAC表示基于表查寻算法压缩法之父亚伯拉罕·莱姆佩尔［Abraham Lempel］和雅各布·齐夫［Jacob Ziv］，以及艾伦自己）。2003年，艾伦因“LZAC无损数据压缩法”入选全美青少年发明家名人堂。艾伦表示：“这种算法达到了最佳压缩比，对内存而言，这种算法简单、快捷且经济。”他还获得了两项专利。

英特尔国际科学与工程学博览会（INTEL ISEF）始于1950年，由科学服务社创办，是世界最大的大学前科学庆典。每年5月举行，英特尔国际科学与工程学博览会每年会吸引全美1300多名入围选手角逐14大类、总奖励金额超过300万美金的奖学金、实习机会、现金奖和科学主题旅行。最高奖为英特尔青年科学家奖，获奖者可获得5万元大学奖学金。

考虑解决一个社区问题

有些孩子会参与解决社区问题的团队项目或竞赛。参与者不仅需要阅读书籍，还需要采访专家和社区领袖来完成走访调查。虽然大多数情况下竞赛并没有要求，但他们有时会通过发明来帮助解决问题。孩子们已成功帮社区解决了许多问题。

沙尘暴检测器

就读于新墨西哥州拉斯克鲁塞斯梅西亚谷基督教学校的MVCS开拓者团队就发现了沙尘暴引起的问题：每年都有摩托车骑行者由于

这类恶劣天气受伤或死亡。因此，团队成员塞思·查维斯（Seth Chavez）、亚历克斯·米歇尔（Alex Michel）、斯科特·米勒（Scott Miller）、布赖恩·帕特森（Brian Patterson）和他们的团队顾问艾伦·费希尔（Alan Fisher）一起发明了一个预警信号原型机。当出现沙尘暴、下雪或暴雨天气时，该设备就会向骑行者发出警报。设备工作的原理是：当装置的激光笔光束被灰尘颗粒阻断时，会激活继电器，从而开启蜂鸣器和指示灯。它可用来给高速公路巡警提示沙尘暴的位置。他们的团队因此项发明在2003年eCYBERMISSION比赛中获得第三名。

eCYBERMISSION是由美国陆军赞助的在线竞赛，号召学生使用科技解决社区问题。该竞赛旨在激发学生对科学、数学和技术类职业的兴趣，让学生们认识到这些职业对美国国家安全和国际竞争力至关重要的作用。

过敏原扫描仪

来自宾夕法尼亚州波茨敦的扫描仪巡逻团队发明了一种手持式过敏原扫描仪，消费者可以用它来读取产品成分，从而确定产品是否存在过敏原。该团队发现美国有8%的小孩和2%的成年人有食物过敏症状。很难辨别常见的食物是否含有过敏原，因为食品包装配料表中出现的名字五花八门。团队成员乔迪·莱福特（Jodie Leyfert）、艾丽斯·阿米尔（Alyse Ameer）、亚历克萨·蒂钦（Alexa Tietjen）和瑞安·麦克德维特（Ryan McDevitt）表示：“我们希望降低人们在不知不觉中摄取过敏原的风险。”团队成员和他们的教练——科学老师克里斯滕·豪根（Kristen Haugen）一起进行研发工作，他们还咨询了美国食品及药物管理局（FDA）及条形码和数据库技术资源方面的专家，研究了数百种食品标签。最后开发出自己的手持扫描系统，可以检测近100种名字的八类过敏原。团队成员测试了扫描仪用于真实产品标签的效果，结果令人满意。2004年，他们获得了哥伦布基金会社区资助奖项的25000美元奖金，用来开发他们的扫描仪。

哥伦布奖由哥伦布基金会与美国国家科学基金会共同赞助。该项目号召作为创新一代的中学生挖掘创造性解决问题的潜力。在成人教练的帮助下，由六年级到八年级学生组成三到四人的团队合作研究社区问题，向科学家、商人和立法者等专家咨询，并利用科技来开发创新型解决方案。

雪崩搜寻和调查直升机

雪情是阿拉斯加地区持续关注的问题。一个由阿拉斯加东安克雷奇中学学生组成的团队提出了一个解决方案。他们赢得了2004年的InvenTeams奖励并研发了一种低成本的原型雪地机器人，用于收集容易发生雪崩的高风险人类活动区域的实时雪情数据。

> INVENTEAMS是一个全国性的“勒梅尔森-麻省理工学院发明团队资助项目”。基于目前大部分发明都通过团队完成的现状，该项目号召学生通过团队合作进行发明创造解决问题，并为他们提供开发原型机的资金。

孩子们的发明

地雷保护器和心脏伴侣

世界各地都出现过由地雷意外爆炸造成的死伤事件。2003年，来自弗吉尼亚州弗吉尼亚海滩一个中学的学生团队因提出一项技术发明而荣获“ExploraVision发明大赛”七年级到九年级组别的第一名。他们发明的是一个地雷保护器，使用安装了全球定位系统（GPS）和神经元定时装置的小型无人机通过声波来探测和销毁地雷，从而防止扫雷工作造成人身伤害。另一个来自加州圣罗莎的团队则提出了心脏伴侣的创意，该设备可以植入冠状动脉，用于检测心脏衰竭并进行医疗和电子救援，还可以通过微型GPS装置通知医护人员。可以通过www.exploravision.org选择“往届获奖选手”（Past Winners）查看两个团队发明的详细信息。

> “ExploraVision发明大赛”由东芝和美国国家科学教师协会共同举办，面向美国和加拿大的幼儿园到十二年级的学生开放，要求参赛者研究现有的技术并作出未来的设想。它的目标是激发学生运用科学知识思考创造性在未来的作用。

想想他人的需求

如果实在想不出什么发明创意，有时候可以想想他人的需求，例如你的邻居、同学、朋友甚至你的家人。

孩子们的发明

心脏起搏器伴侣

家住宾夕法尼亚州匹兹堡的布兰登·惠尔（Brandon A. Whale）在八岁时就开始担心安装了心脏起搏器的妈妈达内特·罗科（Danette Rocco）。她需要在手腕上戴上连接到电话的特制手环，通过手环上的电极检测她的脉搏，定期向医生发送EKG（心电图）。她需要将磁铁靠近心脏起搏器来打开起搏器的传输开关，以便医生检查电池是否还有电并确定心脏起搏器的工作状态。

问题出在哪里呢？“我妈妈的手腕很细，”布兰登说，“但手环太大了。”由于连接松动，传感器很难检测到她的脉搏。所以他妈妈就必须保持不动，一直压着手环上的传感器。当她抬起手去拿磁铁时就无法正确按压手环了。“我和弟弟斯宾塞在家时就要帮着妈妈拿着手环，”他说，“但如果我们不在家的时候怎么办呢？我想帮妈妈解决这个问题。”于是他手工缝制了一条松紧带代替之前的金属环，但这又带来了另一个问题——干扰。“我们住的是联排住宅，”布兰登说，“为了传输信号，我们必须关闭家里的收音机和电视机，甚至还需要请邻居们也关闭一些电器。”不过布兰登通过研究发现，水和电解质是很好的电导体。

于是，他把小块海绵浸入水和电解质制成的电解质液体，然后把海绵垫在妈妈的手腕和手环之间。通过电话线测试并与心脏诊所的医生确认，对信号传输改

（左图）布兰登·惠尔在1998年入选全美青少年发明家名人堂时展示他发明的起搏器伴侣部件

（上图）布兰登向心脏起搏器的发明者威尔逊·格雷特巴奇（Wilson Greatbatch）博士展示他的发明

善明显。“在那之后，”布兰登说，“我妈妈只需要在传输信号的时候撕一点电解质液体浸泡过的海绵就行了。”布兰登把他的发明命名为“心脏起搏器伴侣（PaceMate）”。这项发明成为匹兹堡小学发明大会的优秀项目。1998年，布兰登入选全美青少年发明家名人堂，心脏起搏器的发明者威尔逊·格雷特巴奇博士为他颁发了奖项。

> 发明大会（INVENTION CONVENTION）是许多学校和学区对将发明博览会推向高潮的发明课程的统称。

如果你正苦于找不到好的发明创意，问问别人的问题或需求，看看你能不能想出给他们生活带来困扰难题的解决方案。

爱心玩具车

布兰登·惠尔发明了心脏起搏器伴侣之后，他还在上一年级的弟弟斯宾塞也希望能成为一个发明家。但他一直没找到好的创意，后来他想，“为什么不去问问那些患癌症或其他疾病需要长期住在医院的孩子们有什么问题，想要发明什么呢？”于是，他和妈妈预约参观了匹兹堡儿童医院。“在医院的时候，我注意到小孩子骑在玩具车上到处跑，”斯宾塞说，“他们的妈妈和护士就推着输液架跟在后面。孩子们时而加速，有时候父母没跟上，车轮会被输液管卡住，”他继续说，“我还发现，如果护士或父母都不在，孩子们就不能骑车了。”

斯宾塞想到了什么办法呢？发明一辆安装了输液杆的玩具车。首先，他需要建立一个原型，但他没有玩具车也没有输液杆，也没钱买。于是他决定带着他的“爱心玩具车（KidKare Car）”创意参加“共建美国学生创意月赛（Student Ideas for a Better America）”去争夺100美元的奖金。虽然他已经准备自己花钱购买一台玩具车了，但令他惊喜的是他真的赢得了奖金！俄亥俄州斯特里茨博罗的玩具车厂商“Step 2 Ride Equipment”在报纸上看到斯宾塞的创意后决定给他捐赠玩具车和小拖车。

项目就这样启动了，匹兹堡儿童医院捐赠了废弃输液架，后来斯宾塞的祖母也参与了进

> **发明人的话**
>
> “想到一个创意后，不管听上去有多蠢，都要坚持下去。如果它能帮助你并解决问题，它一样会对别人有帮助。”
>
> ——奥斯汀·梅吉特（Austin Meggitt），1999年入选全美青少年发明家名人堂

来。她曾在迪尤肯照明公司（Duquesne Light Company）工作，公司的几位技工利用空闲时间把输液架焊接到玩具车上，斯宾塞还用彩带装饰好输液架。现在匹兹堡儿童医院正在使用这些玩具车。

位于纽约米尼奥拉的温斯罗普大学医院听说了这个项目，也希望引进一些爱心玩具车。他们邀请斯宾塞参观了医院，还提供了六辆玩具车，请斯宾塞负责监督这个"鹰级童子军（Eagle Scout）"项目。对此，医院儿童癌症中心的玛克辛·安德雷德（Maxine Andrade）说："这是一个很酷的创举。孩子始终是孩子，即使他们正在接受化疗。家长们告诉我他们非常喜欢这些爱心玩具车。"

2000年，八岁的斯宾塞入选全美青少年发明家名人堂。

"共建美国学生创意月赛"由非营利性组织美国未来伙伴关系（Partnership for America's Future）赞助，向幼儿园到十二年级的学生开放。该组织同时也赞助了全美青少年发明家名人堂。比赛号召参赛者提交他们对现有产品的改进或新产品创意，而不需要制造模型，旨在激发美国学生的学习能力、洞察力、创造力和动手能力，展示美国青少年的宝贵创意。

通过调查研究发现创意

有时候我们可能会在偶然间找到问题的解决方案。1970年，杜邦公司的研究员斯蒂芬妮·克沃勒克（Stephanie Kwolek）在做聚合物实验时生成了一种聚合物，但技术人员担心它会堵塞喷丝头，犹豫是否要把它加入纤维。斯蒂芬妮也有这样的担心，但在仔细检查了自己的工作后说服了技术人员。结果纺出了现在被称为凯夫拉（Kevlar）的纤维。这种新型材料不仅重量轻，强度还比钢铁强五倍，因此被用来制造飞机、滑雪板、防弹背心和许多其他东西。

当碰到你认为自己能解决的问题时你可能正在进行研究，要继续研究并反复试验，说不定就创造出了自己的发明。

微型电化学传感器及电镀系统

埃琳娜·奥尼茨坎斯基（Elina Onitskansky）了解到许多企业为了达到环境保护署（EPA）水污染处理标准而面临经济困境，以及水污染对环境的恶劣影响。正在俄亥俄州谢克海茨哈撒韦布朗学院就读的她觉得自己能为这个问题做点贡献。目前水净化的成本十分高昂，水检测技术也十分复杂，无法连续运行。作为学校研究项目的一部分，埃琳娜跟随她的导师刘炯权（Chung Chiun Liu）博士及其他科学家在凯斯西储大学实验室工作，专门从事传感技术的研究。她利用实验室设施制造了自己的传感器，尺寸约四分之三英寸（1英寸＝2.54厘米），成本仅25美金，却能同时实时检测六种最常见的金属离子水污染物。然后，她研发的电镀系统会去除水中的有害金属，从而起到净化的作用。她希望她的传感器能用于工厂的排水系统。她因此入围了“西门子西屋数学与科技大赛”（Simens Westinghouse Competition in Math, Science & Technology）半决赛，并于2001年入选全美青少年发明家名人堂。

“西门子西屋数学与科技大赛”面向高中生开放，个人或两三人的团体都可以参加。地区获奖者可以进入华盛顿特区举行的全国总决赛。该比赛由大学董事会主办，西门子基金会赞助。

孩子们的发明

灭蚊楝树油

彼得·博登（Peter Borden）家住佛罗里达州迈尔斯堡，那里蚊子泛滥，对公共卫生造成了严重威胁。彼得说：“我喜欢到户外去，但在佛罗里达州的夏天出去简直会被蚊子吃掉，到了晚上更可怕。”于是这个七年级的学生下决心要研究对付蚊子的办法。他发现市政用来控制蚊子的杀虫剂毒性很大，于是决定找到一个更安全的替代办法。在科学指导老师贝齐·格拉斯博士（Dr. Betsy Glass）的安排下，他来到一个蚊子实验室用印度楝树油做试验，楝树油可以消灭包括蚊子在内的一些昆虫，并且能生物降解，不影响环境。“他发现将一定浓度的楝树油加入装水的烧杯内就能把蚊子全都杀死，”格拉斯说，“同时还对人类或其他有益生物无害。”彼得因此进入了2003年“探索频道青少年科学家挑战赛（Discovery Channel Young Scientist Challenge）”的决赛。

“探索频道青少年科学家挑战赛”由探索传播公司和科学服务社合作推出，旨在从处于对科学兴趣下降关键年龄的学生中培养美国下一代科学家。来自全美各地的六万多中学生参加科学服务社下属科学和工程展览会相关的科学项目，最后博览会董事会提名6000人参加“探索频道青少年科学家挑战赛”的项目。此项赛事并不强制要求发明创造，但有时会看到意想不到的发明。

孩子们的发明

可生物降解的一次性尿布

14岁的佐治亚罗斯韦尔高中生里希·瓦苏戴瓦（Rishi Vasudeva）在思考九年级生物课的科学项目时，正巧在电视上观看纸尿布的广告。

“我开玩笑似地选择了纸尿布作为我的课题，”里希说。但当他发现一次性尿布的斥水外衬需要四百多年才能降解时，他开始认真起来。每年有成千上万的纸尿布被倒入全国各地的垃圾填埋场。于是在接下来的四年里他一直在努力改进纸尿布，在农业部实习也是他研究的一部分。后来他终于想到了使用由玉米制成的玉米蛋白，目前主要被用作药丸涂层。他利用玉米蛋白和其他材料制成薄膜，当作尿布的外衬，这样30天左右就能降解。里希因此进入了2000年“西门子西屋数学与科技大赛”（Simens Westinghouse Competition in Math, Science & Technology）的地区决赛。2001年，里希入选全美青少年发明家名人堂，还参加了英特尔科学奖的决赛。

里希·瓦苏戴瓦展示他发明的可生物降解的一次性尿布

英特尔科学奖（STS）创建于1942年，常被称为“少年诺贝尔奖”。每年仅有40名参赛者能从1500多名申请人和300位半决赛选手中脱颖而出入围决赛，到华盛顿加入科学人才研究所。他们会在国家科学院向媒体和公众展示他们的作品并运用科学知识争夺最高奖项——10万美元的大学奖学金。

为你的发现赋予实用性

在项目中可能会碰到惊喜的发现。1968年，在3M公司工作的科学家斯宾塞·西尔弗博士（Dr. Spencer Silver）想研制黏性很强的黏合剂，但最后的黏性却很弱。于是他把它用到了纸上，就不再管它了。他把一部分纸给了朋友阿特·弗赖伊（Art Fry），而阿特则在教堂唱诗班唱歌时把纸条贴在赞美诗的书页上，因为这种纸条很容易粘贴和撕掉——便利贴就这样被发明出来了。

赋予你的发现以实用性是发明过程的重要组成部分。天才发明家能看到别人看不到的可能性。挖掘出发现的实用价值就能让发明成为发明创造了。

葫芦巴保鲜纸

马里兰州的卡维塔·舒克拉（Kavita Shukla）中学时就开始研究葫芦巴了，葫芦巴是一种可用作食用香料的印度草药。

卡维塔第一次接触葫芦巴是去印度探望祖父母的时候，因为误喝了自来水，祖母用葫芦巴粉兑水给她喝。“因为印度的自来水通常都存在细菌污染，”卡维塔说，“结果我并没有生病，这让我很好奇。”

回国后，她就开始拿葫芦巴做实验。一开始只是很简单的实验，当她上高中之后又继续做更复杂的实验。卡维塔的第一步是从她家后院和细菌泛滥的池塘采集污水样本，然后在这些样本中加入不同浓度的金色葫芦巴粉。卡维塔观察发现，葫芦巴粉并没有和水混合，而是在水中结块了，只需舀出这些结块就可以去除细菌和葫芦巴了。

卡维塔说：“这实在太神奇了。”有一次她碰巧留下了一个池塘污水样本，几个星期后她发现这个加了葫芦巴粉的样本中一直没有细菌滋长。“由此我想到了做细菌和真菌的生长实验，”卡维塔说。

那以后的某一天，她妈妈买了一包草莓回家，有大部分草莓都是坏的。卡维塔就想，能不能将葫芦巴和水混合喷洒在农场里的草莓上或者在包装时喷洒，这样能否抑制细菌或真菌的生长并保鲜呢？

她把葫芦巴和水混合后装入喷雾瓶，喷在草莓上。“结果证明喷雾有效减慢了腐烂的过程，”她说，“还让草莓的口感更佳。”接着卡维塔就开始思考能不能把葫芦巴用作食品包装材料。她用纸巾做了三个实验：先把纸巾浸入葫芦巴和水的混合物，等它变干后放上草莓。第二个实验是把纸巾浸入清洁剂和水的混合物，等它变干后也放上草莓。最后，为了对比处理过的纸巾和没处理过的纸巾的效果，她在普通纸巾上也放了草莓。

经过等待和观察，葫芦巴处理过的纸巾比其他纸巾保鲜效果好得多。这真是天大的发现！葫芦巴是一种天然无毒且可生物降解的食物保存材料。

“因为使用非常简单，所以它也非常有用，”卡维塔说。“在第三世界国家很容易使用。”2002年春天，她的葫芦巴保鲜纸获得了专利，好几家公司都得到她的授权。但卡维塔说：“我想确保这项发明能够让有需要的人都受益，特别是第三世界国家的人。”2001年，她入选了全美青少年发明家名人堂。她还赢得了许多奖项，同时还获得了2002年勒梅尔森-麻省理工学院高中生发明学徒资格。

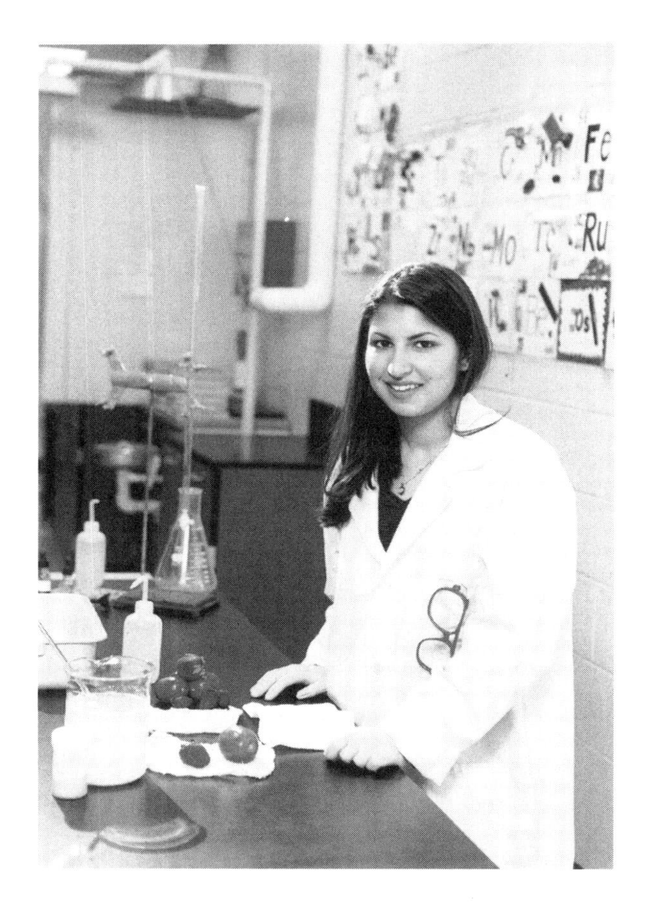

卡维塔·舒克拉在实验室里研究葫芦巴保鲜纸

你的想法算发明吗？

一旦认为自己想到了一项发明的好点子，你还有一件事要做：调查别人是否提出过这个想法。可以问问你的家人、同学和邻居们是否听说过或见过与你想法类似的产品。去和你的创意相关的商店，看看货架上有没有雷同的产品，还可以问问店员。在杂志和产品目录的广告中查看你想要发明的那一类产品（例如玩具、体育、厨房用品或家居杂志）。还可以上网查询，可以在谷歌这样的搜索引擎中输入描述你发明的搜索词。很多商店、产品目录和杂志等都有介绍产品的网站。你的搜索结果是什么呢？

如果没有在市场上发现和你想法类似的产品，恭喜你！如果发现了类似的产品也不要气馁，许多发明都非常像另一个发明，但会有些小的改动。这也是一个新方法，可以想想你能怎么改进现有产品。

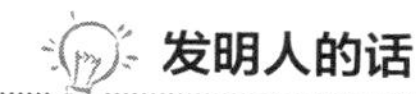

“最重要的是找到好问题。比赛的时候，你需要一个和每个人息息有关的创意，这样别人看到后都会说：‘这是个好创意。’”

——查尔斯·约翰逊（Charles Johnson），1996年凭借列车检测装置的发明获得“INVENT AMERICA! 学生发明竞赛”冠军

练习

一、头脑风暴

头脑风暴是有组织地共同解决问题。很多发明家都通过头脑风暴来激发创意。在这个过程中禁止批评的声音，鼓励各种疯狂的想法。具体做法是，先选择一个主题，然后畅所欲言。例如：

• 思考每天或假期、周末都做的事，想想其中有没有什么困扰你的问题，或者有哪些需要改进的东西。

• 想想每天用的工具或餐具，比如刀叉、牙刷、铲子、扫帚、剪刀，等等。怎样能让它们更好用呢？

• 观察家里各个房间中的物品，思考能不能给这些日常用品找到新的用途，或者能不能用别的材料去生产这些东西。

• 尝试把两个物品合并成一个新东西，例如叉子和勺子。

• 在家里或教室里挑选一项发明，构想它20年后的变化（注：如果你喜欢这个活动，你可能会对“ExploraVision发明大赛”感兴趣，点击www.exploravision.com了解详情）。

二、进行调查

发明要有明确的需求，然后做出可用的模型。可以从下列问题开始调查，然后在调查中加入自己的问题：

家务劳动

1. 你平时讨厌做什么家务？
2. 讨厌哪方面？
3. 怎样简化它？

体育运动

1. 你最喜欢什么休闲或体育运动？
2. 在这项运动中遇到过问题吗？比如，有没有感觉太热或太冷？有没有摔倒或撞到东西？
3. 怎样让这项运动变得更简单、安全或有趣？

还有许多别的调查种类，记得选择你感兴趣的领域。

三、列出问题和解决办法

家务劳动：无论大人还是小孩都要在家里或院子里做家务，请列出你要做的家务和遇到的问题，然后想想如何让这些家务变得简单一点。

日常家务	做家务遇到的问题	怎样简化？	有什么发明创意？

他人的需求：考虑其他人和他们的需求，用下面这个分类表激发你的创意。

人 群	他们的问题	怎样帮助他们？	有什么发明创意？
婴 儿			
幼 童			
喜欢运动的孩子			
身体有缺陷的人			
老 人			

更美好的世界：怎样通过你的发明让世界变得更美好？按照下表列出的全世界共性的问题，然后思考解决办法。

类 别	有什么问题？	怎样改善？	有什么发明创意？
环 境			
安 全			
自然灾害			

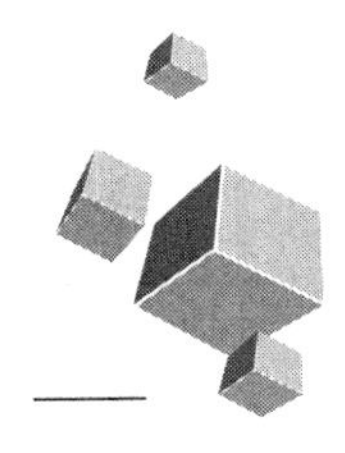

第2章
坚持写日记、发明日志和报告

你能记住自己全部的发明创意吗？或者那些你想通过发明解决的问题？我们很容易忘记一些细节，因此发明家都会在日志或日记里记笔记，这些工作记录和证据也是发明过程的一部分。托马斯·爱迪生（Thomas Edison）因为发明电灯获得了223898号专利，21岁时就因为发明了电子投票记录器获得了他1093项专利中的第一项。他的发明日志写满了3400个笔记本，记录了实验的创意和详细信息。

爱迪生在专利申请中总结他的研究，很多青少年发明家在报告中总结，他们也和爱迪生一样，需要从日记和日志中查询细节。

日志和日记

日志就像日记，记录你的想法和猜测、成功和失败。列出你想到的问题和你想解决的难题，还要记录头脑风暴时想到的创意。在准备做发明模型的时候，列出购买的材料并保留店里的小票。也别忘了记录建模的步骤。出现问题时，一定要记录下来，然后详细描述怎么解决问题的。

记下被你咨询的人的名字、咨询的内容以及他们给你提供的具体帮助。例如，你咨询的人很了解和你发明相似的产品，记录下他们的评价。写下你使用的工具和使用这些工具的目的。如果参考了某本书，就需要记录书名、作者、出版社、出版日期和对应的页码。对于网上搜集的信息，需要记录完整的网址、网站名称、参考的页面名称。从书籍、网络和他人处获取帮助是很好的做法，但需要写清楚你从这些参考源学到了什么。

在日志或日记中记录你自己的真实想法，因为它反映的是你的个性。每个发明家记录的方式是不同的，你还可以画图表示你的发明过程。

发明人的话

“每次进行了发明工作或有新的想法就记录到日记中。要记录的重要信息包括你去哪里调查你的创意是否已经被发明了，而不是你那天除了发明工作以外去哪里看了场电影。”

——卢克·巴德（Luke Bader），“艾奥瓦州发明大赛”卓越贡献奖获得者

日志或日记中应包含见证人的签名，可以请见证人在日志或日记上签名和标注日期，证明其通过查看你的模型、观察你的实验或读你的日记来核对过你的发明过程，它还能证明你在特定时间完成的工作量。很多人都可以成为你的见证人，如老师、顾问和导师。父母一般不能成为见证人，因为他们经常和你一起工作。根据你的项目周期和参加比赛的要求，可以每天、每周或每月见证一次。

标准的发明日志或日记本在大多数办公用品商店均有售。页面是缝制起来的，如果被撕掉会很容易发现，有的还带有页码，如果数字不连续表明有缺页。这样做有什么重要性呢？日志或日记是笔记，内容不应该被掩饰或用修正液涂改。这仅适用于手工编写自己的笔记的学生。现在许多儿童发明家在电脑上做笔记。无论什么形式，日志应完整包含你的所有想法、步骤和实验，包括你的错误。

如果是完成班级任务或参加发明比赛，就需要按照老师的要求或比赛的具体规则来准备发明日志或日记。例如：

“创新思维课程项目”（The Inventive Thinking Curriculum Project）是美国专利和商标局的推广方案，它所要求日记记录的规则如下：

- 使用装订笔记本，记录每天的发明工作及学习收获
- 记录你的想法和怎么得到这个想法的
- 写下你的问题和你是如何解决这些问题的
- 用不能被擦除的墨水书写

- 添加草图和图纸，让描述更清晰
- 列出所有部件、来源和材料成本
- 见证人签名并注明日期

“工艺师/NSTA青少年发明者奖励计划”鼓励学生发明工具并按照如下指导要求记录：

- 必须使用双倍行距打印在8.5×11英寸的白纸上
- 文字颜色应该是黑色，字号不应小于12
- 日志（包括图片页面）页数应在三到八页之间
- 在左上角装订

参赛者必须在日志中包含以下问题：

- 你的工具如何工作？
- 有哪些人帮助你制作工具？
- 使用你发明的工具需要考虑哪些安全程序？
- 制作工具的顺序步骤是怎么样的？
- 你遇到了什么问题？
- 你是如何解决这些问题的？
- 使用了什么手工工具？
- 怎么样改进你的工具？

发明人的话

“我的日志包括电路板开发和项目进展的图片，并非常详细地描述了正在实施的项目。日志大概写了有100页之后，最后会有总结。”

——瑞恩·帕特森（Ryan Patterson），美式手语翻译器发明人。获得2001年度英特尔国际科学与工程博览会工程类的第一名、2002年度英特尔科学人才探索奖、2002年度西博格奖（同时受邀参加斯德哥尔摩的诺贝尔奖颁奖典礼）

“新罕布什尔州青少年发明家计划（YIP）”（The New Hampshire Young Inventors Program）提出了很多关于发明日志的指导要求，其中包括：

- 用不能被擦除的墨水书写
- 不留空白
- 使用装订笔记本
- 尽量将你的想法画成示意图
- 描述所有你使用的材料和部件并列出成本
- 每周至少有一个见证人签名并注明日期

以下展示了一些学生日志或日记示例，也许可以从中得到启发。你自己的记录和报告应该是独一无二的，充分展现了你的项目和兴趣。

水上自行车

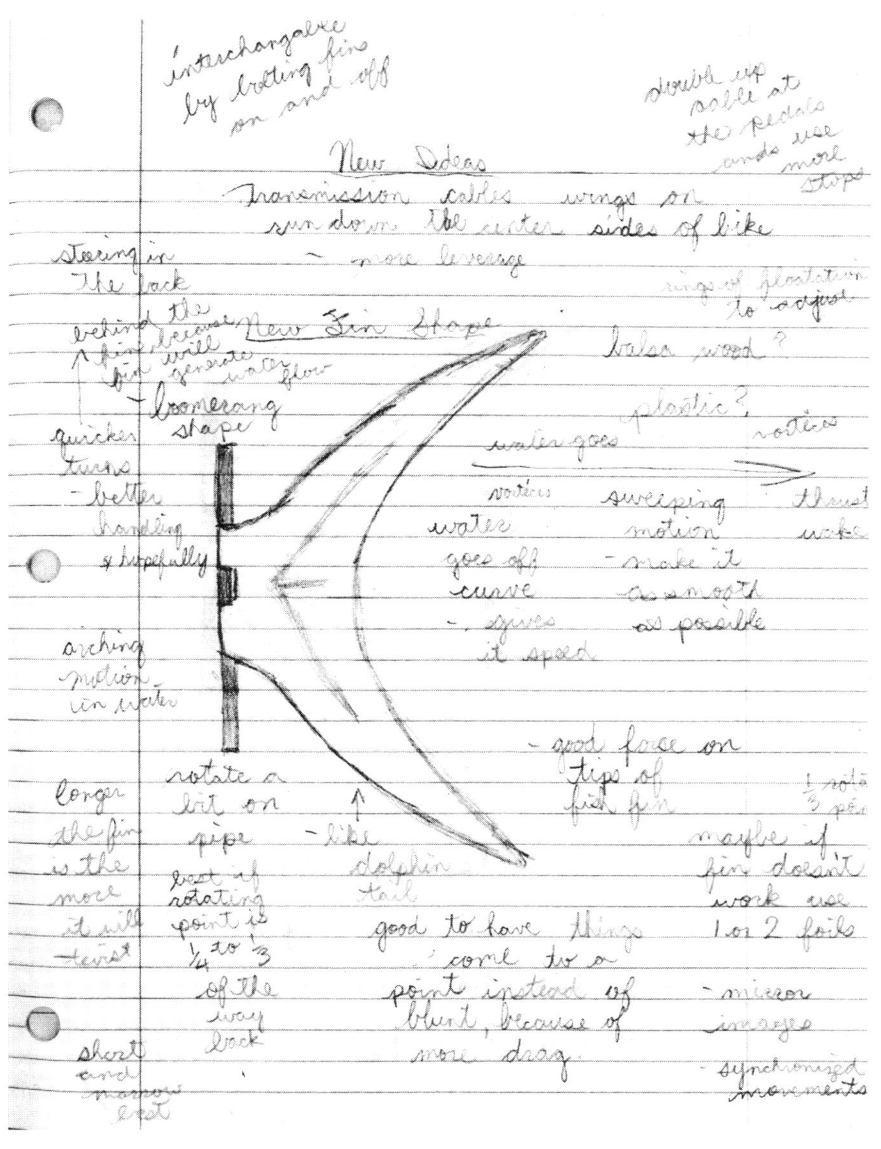

图为克丽丝塔·莫兰（Krysta Morlan）的一页发明日志，展示了她发明的水上自行车的部分草图和笔记

克丽丝塔·莫兰和许多发明家一样，一开始先构想发明的外形。于是她在日志中画了草图，再加上注释。画图比文字更形象，仔细观察克丽丝塔·莫兰的笔记，图上水上自行车的后轮是鱼尾状的，旁边的注释包括：

新想法

- 像海豚鳍
- 流线型设计——提高速度
- 鱼鳍尖力量大

她的注释很简单，但却能表示她的想法和这些想法对最终发明成果的影响。

克丽丝塔住在加利福尼亚州瓦卡维尔的一个镇上，那里夏天很热。由于在十年级时做了一连串手术，她的腿部有一年多都打着石膏，很不舒服。所以她发明了一个用电池供电的石膏通风装置，叫作“石膏冷却器（Cast Cooler）”，因此也获得了金霸王电池赞助的全国大赛奖励，后来还被评选为首届勒梅尔森-麻省理工学院高中生发明学徒奖冠军。学徒期间，她跟随马萨诸塞州阿默斯特的勒梅森辅助技术开发中心的主管科林·特威切尔（Colin Twitchell）工作，研究她的下一项发明。克丽丝塔想到打石膏那段日子不能去玩喜爱的骑车和游泳，但是可以进行水上康复训练。训练非常无聊，所以有了研发水上自行车的主意。可以用PVC管和泡沫增加浮力，还要设计一个转向舵。在建造的时候，她用日志中画的鱼鳍代替后轮，踩下脚踏板，鱼鳍在水里左右摇摆来推动自行车，这就是她发明的水上自行车（Waterbike）。2000年，克丽丝塔被ID杂志评为30岁以下的优秀设计师之一。

随行训练器

卢克·巴德（Luke Bader）是艾奥瓦州杰瑟普圣阿萨内修斯学校的一名四年级学生，他根据“艾奥瓦州发明大赛（Invent Iowa）”的要求在搞发明时手写发明日记，之后再用打印机打出来，他的日记也经过了成年人见证。

卢克的弟弟乔患了染色体紊乱症，对他的身体和精神都有影响。卢克的家人尝试通过几种设备帮助乔行走，但都不管用。卢克说：“他坐上去后，这些昂贵的设备都不起作用，所以我决定要发明一套便宜的设备。”他们的父母也参与到这个项目中，一起进行头脑风暴和打下手。

卢克的第一条日记是这样的：

> 2003年1月11日
>
> 确定项目的基础想法。我的问题是我的弟弟无法行走，他现在这个年龄应该能走路了。我想帮助他，这就是我发明“随行（Walk Along）”的原因。它的工作原理是：
>
> 1. 将训练器小的那一端连接到使用者。
> 2. 将另一端连接到你的腿上。
> 3. 你走路时，使用者的腿也会跟随你一起走。

卢克的日记还记录了他爸爸的参与过程，并且列出了他咨询过的人和得到的建议。

> 2003年1月25日
>
> 爸爸和我把PVC管切开，然后钻孔把它们组合到一起。我把塑料柠檬箱子的一部分切下来装上尼龙带连接到腿上。
>
> 我们见了乔的理疗师——就职于滑铁卢医疗中心早期发育干预治疗科的巴布·考夫曼（Barb Kaufman），她看了我们做的随行训练器后，给了我们魔术贴布用来增加舒适性。她还给了我们调整长度的建议，我们回去就让乔试用了。

经过测试之后，卢克记录下测试结果：

> 2003年1月29日
>
> 我陪同乔去了他的学校。我们试用了训练器。乔的护理员戴安娜、老师利安娜和理疗师辛迪·布朗都在一旁观看。我认为训练效果很好，直到乔感觉到累了。

卢克还记录了他从理疗师那里得到的改进建议。

> 2003年2月3日
>
> 巴布·考夫曼为我们提供了塑料带并放到随行训练器中间，这样的效果比之前好。

他还列出了使用的材料和成本。

随行训练器的材料清单

项目	成本
1．克拉克和同事捐赠的尼龙带和泡沫	
2．早期发育干预治疗科捐赠的魔术贴和塑料带	
3．PVC管	2.10美金
4．PVC接头	0.94美金
5．螺钉和螺帽	0.08美金
6．柠檬箱子上的塑料	0.00美金
	总计：3.12美金

乔已经用上了随行训练器。“有一次我还看见他自己往前迈腿，”卢克说。现在卢克还在为另一个孩子做随行训练器。他因此赢得了学校的比赛，还获得了2003年州级发明比赛优秀奖。

卢克的家人感到非常自豪，她的妈妈表示：“项目结束的时候，我们给兄弟俩使用随行训练器的场景拍了一张照片。这远远超过卢克对这件事的认识，他给我们带来了美好的回忆。”他爸爸也表示：“这也许是发生在我们身上的最伟大的事了。谁又能想到原本一个学校项目却能帮助自己的弟弟？”

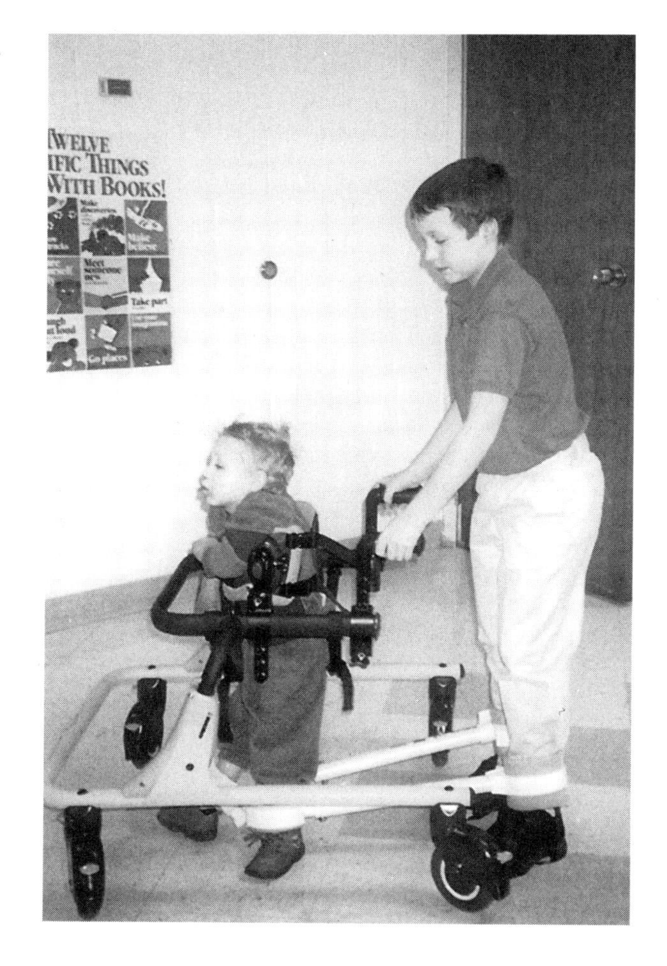

卢克·巴德正在帮弟弟乔试用他发明的随行训练器

枫香树果拾取机

琳赛·克莱门特（Lindsey Clement）来自得克萨斯州朗维尤，他们家门外种着十五棵枫香树，每天都有许多核桃大小的带刺荚果（枫香树果）从这些树上掉落，清理它们成了一件麻烦事。“一天根本打扫不完，”琳赛说，“我每天都要花半小时到一小时去捡这些果子，再把它们扔到桶里，我不太喜欢这个工作。”这让她产生了发明“枫香树果拾取机（Gumball Machine）”的念头。获得学校发明比赛提名后，老师建议她参加“工艺师/NSTA青少年发明者奖励计划”。

关于描述发明的工具是如何工作的，琳赛在她的发明日志中是这样写的：

> 只需要在草坪上推动我发明的机器（就像除草机一样），安装的铁丝网就可以收集枫香树果了。轮子会把枫香树果往前推，直到一块光滑的长木条把它们挤进机器上的袋子里。机器重量适中，便于操作。

在回答比赛的其他具体问题时，琳赛在日志中写道：

> **帮助你制造工具的有哪些人？**
>
> 我的爸爸在项目的整个过程都为我提供了帮助。
>
> **制造工具的具体步骤有哪些？**
>
> 我们碰到的第一个难题是怎样让枫香树果附着在滚动的轮子上，这比我们想象的困难。
>
> • 我们先用了泡沫塑料做轮子，但这样并不能粘住果子。所以我又重新画图设计。
>
> • 后来我们又尝试用了经我爸爸打磨的木头轮子，还把轮子间距设计成刚好可以让果子穿过去。
>
> • 这样效果还是不好，于是我们又在轮子上加上了尼龙软管。这样可以捡起一些果子，但效率没有我们预期的高。
>
> 于是又重新画图设计。

琳赛的步骤描述很清晰，详细介绍了她和爸爸完成的步骤，还描写了碰到的问题，其中包括他们尝试使用的各种材料和实验结果，无论是失败的还是成功的。

琳赛·克莱门特和她发明的枫香树果拾取机

在项目的那个阶段，琳赛的爸爸因为找不到合适的材料几乎想放弃了。结果有一天，琳赛在爸爸的工作室发现了一卷铁丝网，铁丝网虽硬却很有弹性，正是她想要的材料。她和爸爸用飞碟作为模板来制作铁丝网车轮。“我们在切割铁丝网的时候，爸爸一直让我注意安全，因为切下来的铁丝网车轮比较锋利，”琳赛说。

琳赛继续在日志中回答竞赛要求的其他问题：

碰到问题时你是如何解决的？

- 我们在一英寸左右间距的八个铁丝轮子间加上小木条，然后放在用PVC管做成的车轴上。大功告成！
- 接下来我们要想办法让枫香树果掉进篮子里。于是我们用薄树脂玻璃做成九齿钉耙一样的部件安装在车轴和轮子间，结果它太易碎了。
- 后来我们又换成打磨过的小木条，这样就能让果子滚进去了，但有的果子却滚到了机器外面。为了解决这个问题，我们又在两侧添加了树脂玻璃挡板，以防它们掉出去。
- 最后就差把手和篮子了。我们用PVC管和连接头做了把手和篮筐，又缝制了一个布篮装到篮筐上。这样一个枫香树果拾取机就诞生了！

琳赛的答案表明她和父亲讨论过如何解决一系列的问题。他们尝试了不同的解决方案。看得出来，他们合作得十分融洽。琳赛的日志清楚地列出了她从事发明的各个步骤，她的批注也表明她一直在思考和解决问题。这正是评委们所乐于看到的。由于发明了枫香树果拾取机，琳赛在“工艺师/NSTA青少年发明者奖励计划”的二至五年级组获得全国奖项。2001年，她入选全美青少年发明家名人堂。

手套棒球架

四年级的奥斯汀·梅吉特（Austin Meggitt）就读于俄亥俄州阿默斯特的舒普中学。他利用Invent America! 比赛的日志来记录他从事发明的过程。“Invent America! 学生发明比赛”不同于Invent Iowa或者“工艺师/NSTA青少年发明者奖励计划”，它提供了专门的日志格式。在奥斯汀所使用的格式中，页面的左侧有一栏是用于手写日志的。页面的右侧是空白栏，可用于粘贴草图、照片或发票收据的复印件。

在他的日志中，奥斯汀写了很多他每天如何思考和到商店里询问的记录。他还附上了他自己使用锯子、测量和钻孔的照片。他所发明的手套棒球架是一个安装在自行车上、可携带一根棒球棍和一只棒球手套的装置。

项目开始时，奥斯汀写道：

> 星期三，1997年11月12日
>
> 今天我和戴尔自行车专卖店的戴尔谈了一下。他说他在自行车这一行已经干了14年。他正在帮我查找是否有类似于我的发明的产品出现。每个月他都能收到一份登录自行车零配件的CD。这个月的CD总共有127679项。而我的发明并未列入其中。我感到很兴奋，因为我开始想象也许有一天我的自行车架也能成为其中的一项。

读到这一条日志，评委们就知道了奥斯汀是如何确认其创意是新的发明，而不是已有的东西。此外，奥斯汀还写了有关搜集材料和父亲参与项目的内容，这些都是任何日志不可或缺的重要信息。

> 星期六，1997年11月15日
>
> 今天我到劳氏商店去为我的发明挑选材料。爸爸和我在过道里边走边看边想。我们查看了很多种夹板装置，直到我们把选择范围缩小。接下来我们需要找到能够作为装置底座的东西，后来发现1/2英寸的PVC管是不错的选择。我爸爸鼓励我来设计框子和把手的连接方式，于是我在他的帮助下找到了可行的解决方法。

奥斯汀还将他的工作笔记和发明图片完整地记录到报告里，最后用照片收尾。图中他骑着自行车握着车把，还拿着他的手套和棒球帽。说明写的是：“这样真

MY INVENTOR'S LOG

INVENT AMERICA!®

"bringing bright ideas out of young minds"

Name Austin [illegible] Grade 4th Date [illegible]

Place Time 4:30

[illegible] mechanisms.
I thought I had gathered enough materials to start actual construction on my invention.
When I returned home from Lowe's I was ready to start the construction phase.
I then made a list of all the tools and materials I thought were necessary. The list consisted of the following: [illegible], wrench, drill and bits, hacksaw, screwdriver, pencil, tape measure, [illegible] 1 glue gun, PVC pipe [illegible] 2-3[illegible] 1½" clamps, 1-screwhook, bicycle, 2 giant spring [illegible], 2-½" PVC couplings, 2-PVC T elbow joints, connectors, screws, nuts, bolts, bicycle, bat, and glove.
These are the steps I followed in the construction of the [illegible] and [illegible] Caddie: 1 cut slits

(Remember, neatness counts) Witness initials [illegible]

奥斯汀·梅吉特参加“Invent America!学生发明比赛”所写日志中的一页

的很危险。”另一张照片中，他则骑在安装了手套棒球架的自行车上。他在报告中这样介绍他的设备用途：

> 使用手套棒球架可以解放骑车人的双手，让他们可以一直握着把手更好地控制自行车。

奥斯汀在1999年入选全美青少年发明家名人堂，By Kids For Kids公司还生产并销售了他的发明，名字就叫“自行车棒球架”。

报告

报告不同于日志或日记，它是对发明项目和发明成果的总结性描述。报告也可以包含设计草图、图表、图片和照片。

有的项目会要求参赛学生提交报告，而不用日志或日记。有的还要求参赛学生创建网站来记录发明成果。“哥伦布奖项目”就要求参赛学生提交包括四个主题的报告，即问题、研究、测试和解决方案。学生们需要解决的是社区问题，有的解决方案就是现成的发明，但这不是强制的要求。

压力排烟分流器

一个来自宾夕法尼亚州哈特菲尔德的团队参加了“哥伦布奖项目”，他们的报告是关于一个“压力排烟分流器（Pressure Blowout Smoke Diverter）”的发明，团队成员史蒂文·利万达斯基（Steven Levandusky）、丹尼尔·皮尔逊（Daniel Pearson）和埃里克·西格里夫斯（Eric Seagreaves）与他们的教练琼·赫德（Joan Hurd）一起开发这个项目，他们也因此进入了2001年“哥伦布奖项目”的半决赛。他们的发明报告包括了对项目话题的下列描述：

> 问题：烟尘吸入是发生室内火灾时引起死亡或严重伤害的常见原因，如果火灾发生在夜间则更普遍，因为那时人们通常熟睡而对威胁生命的危险一无所知。

研究：团队成员利用报纸、书籍、视频和网络资源了解烟尘吸入的巨大危害及其规避方法。他们研究了正压通风的概念，并利用其原理研发了一套通风系统，可以在发生火灾时将屋内烟雾排出并引入新鲜空气。制造原型机前，他们咨询了县消防学院的培训协调员和一位安全工程师，他们都支持这个创意。

测试：团队成员用树脂玻璃建造了一个房屋微缩模型，这个房子有两个房间，中间是走廊，每个房间都有一个窗户和门。队员们在其中一个房间的窗户上安装了一个连接到走廊烟雾传感器的电风扇，然后在走廊点燃熏香作为烟雾源。经过各种门窗开合组合的实验证明，烟雾传感器会激活电扇，增加屋内的气压。由于室内气压高于走廊的气压，烟雾无法进入装有电扇的室内，而是进到了没装电扇的房间。

解决方案：利用正压通风原理，在窗户上安装可感知烟雾的电扇能够在火灾时分流烟雾，吸入新鲜空气，从而拯救许多人的生命。团队的目标是为他们发明的装置申请专利，然后进行生产和面向建筑分包商和公众销售。

该团队的报告不仅描述了他们的发明，还总结了问题、所作的研究、测试和解决方案，而不是把他们的日常活动罗列出来。不过你可以从字里行间发现，他们在工作时用发明日志或日记详细记录了每天的活动。

把发明日志、日记和报告作为展示的一部分

发明完成后，下一步或许就是参加学校的发明比赛，在那里有机会展示你的发明成果，而发明日志或日记则是其中的一部分。通常你的展示内容必须包含你的工作总结报告，需要你把这些书面记录整理好放到你的发明模型旁边或者展示板前，来介绍你的项目。

发明比赛的评委通过阅读你的日志、日记或报告来了解你的发明工作，确定帮助你的人和设备，发现你遇到的问题和解决问题的方法。如果项目很复杂，评委想知道你完成的部分、别人完成的部分以及你从别人那里得到的建议或知识。

因此，日志、日记或报告应该解答评委的这些疑问。

发明人的话

“永远都不要忘了记日记，因为这样才能完整地记录你的想法。进行头脑风暴时，写下你的各种想法，因为后面可能就会用到。标明日期也很重要，好记性不如烂笔头。记日记还能证明你想到了哪些想法，还原你的思维过程。”

——奥斯汀·梅吉特（Austin Meggitt），因发明了手套棒球架入选1999年全美青少年发明家名人堂

练习

一、测试你的描述能力

• 描述一个你一直在使用的发明，例如勺子、扫帚、烤面包机、踏板车等，然后给你的朋友看，试试他能不能根据你的描述判断是什么物品。

• 阅读了玩具、设备或游戏操作说明后，用你自己的语言编写步骤说明。然后让你的朋友按照你写的说明来使用设备、玩玩具或游戏。

• 为你自己的发明编写操作说明。

二、绘制发明草图

• 在你的日志或日记中画出某个发明或你自己的发明创意。草图可以简单也可以复杂，此外还要标注发明的各部分，添加各部分及其相互作用的说明。试着画出前视图、后视图、侧视图和俯视图。

• 绘制专利图。例如按照美国专利商标局规定的专利图风格绘制。参考2003年出版的杰克·罗（Jack Lo）和戴维·普雷斯曼（David Pressman）所著《如何动手画专利图》（*How to Make Patent Drawings Yourself*）一书中的例子，用笔或电脑模仿绘制。

第3章 制作模型

制作模型是证明你的创意切实可行的一种手段。也许你在幻想人类可以不依靠飞机而飞上天，汽车可以不使用汽油而自由行驶，但你的幻想能够变成现实吗？莱特兄弟并不是唯一梦想过飞机的人，但他们才是真正让飞机飞上天的人，否则飞机始终只是一个伟大的梦想。他们在1906年为他们的飞行器获得了第821393号专利。

把你在日志或日记上记录的发明创意挨个筛选一下，看看哪些是你能够实现的。

制作模型是一个反复试错的过程。发明人偶尔会有成功的时候，但多数时候会遭遇到失败。失败是发明过程中的一个环节，改变也同样如此。你也许需要不断地尝试，才有可能将你的创意制作成模型。托马斯·爱迪生早就说过，天才是1%的灵感加99%的汗水。为了给他发明的灯泡找到合适的灯丝，爱迪生尝试了上千种材料。你也需要像爱迪生那样，不断地评估自己的成果，解决发明过程中的问题。比如，你也许会发现某些材料不够结实，或者不够灵活，再或者缺少某种必需的特性。在这种情况下，你就必须尝试其他不同的材料。

发明人的话

“我的大多数创意都是我认为很酷的东西，比如，气垫车或者带自动调音器的吉他。我喜欢跟我的母亲讨论我的想法，最后我们会把想法进行调整，成为我能够真正去做的东西。”

——米切尔·韦斯（Mitchell Weiss），2001年度“工艺师/NSTA青少年发明者奖励计划”获奖者，脚蹬除草机发明人在发明的过程中，意外也时有发生。上世纪50年代，帕齐·舍曼（Patsy Sherman）和萨姆·史密斯（Sam Smith）在3M公司（全称“明尼苏达矿业及机器制造公司”）工作，他们想发明一种新的合成橡胶来制作喷射发动机的燃油线路。他们不小心将试验的材料滴到了一位技术员的鞋上，这种材料马上就牢牢地粘住了鞋。他们想尽了办法，用肥皂水、丙酮等各种溶剂来清洗，都无法去除那滴材料。高分子聚合物能对织物起到很好的保护作用。但帕齐和萨姆又花了七年时间才成功地研发出这种聚合物的分子结构，从而发明了后来3M公司畅销的“斯高洁”（Scotchgard）产品。

“想到一个创意之后，我通常会找一个网站，看看业余爱好者们是如何实现类似想法的。有很多基础的项目已经完成并归档。因此，如果你在设想某个项目的话，可以通过网络来找到特定的背景信息。”

——瑞恩·帕特森（Ryan Patterson），美式手语翻译器发明人；获得2001年度“英特尔国际科学与工程博览会”工程类的第一名、2002年度英特尔科学人才探索奖、2002年度西博格奖（同时受邀参加斯德哥尔摩的诺贝尔奖颁奖典礼）

多数情况下，制作模型还能帮助你改进创意。你刚开始时有一个创意，但在你制作模型的过程中，模型和创意本身都会有所改变。

矩阵式轮椅坐垫

克里斯蒂娜·亚当斯（Christina Adams）来自俄克拉何马州巴特尔斯维尔市，她在14岁刚上巴特尔斯维尔高中时，遇到一位刚刚因为髋关节手术而不得不暂时以轮椅代步的朋友。当时正处炎炎夏日，那位朋友只要一出汗，身体接触轮椅的部位就会长皮疹。克里斯蒂娜倾听了朋友的抱怨，决定研究一下这个问题，作为她的科学展览会项目。她制作了三种不同的模型。她希望找到一个办法来预防褥疮，因为这是轮椅使用者的第一大健康威胁。他们只要坐上短短三个小时就会长褥疮。有些甚至因为经久不愈的褥疮而丧命。

首先，克里斯蒂娜制作了一个覆盖吸收性和非吸收性织物的坐垫，这样接触到人体的部位就能保持干爽。这个模型多少有点用处。

接着，克里斯蒂娜决定对这个现有的轮椅坐垫进行重新设计。她使用了大块的塑料板，在微波炉里加热，然后做成坐垫的形状。她在坐垫上钻孔，使空气流通，并用湿度计来测量湿度，发现改进后的坐垫的确比原有的坐垫凉爽很多。唯一的问题是，她的新坐垫无法折叠，不能随意移动。

第二年，克里斯蒂娜采用可调节的十字交叉带制作了一个新的轮椅坐垫，类似于背包上的靠背。由于十字交叉带上有孔隙通风，这个座椅能长久地保持干爽。如果坐的人觉得哪个部位不舒服了，还可以挪动一下位置，缓解疼痛。这是一个全新概念的轮椅坐垫，且制作成本仅需50美元，远低于现有的坐垫。

发明人的话

"我们第一次做的时候失败了。但我并不气馁，因为我们知道接下来该干什么，又是一天的工作而已。"

——凯文·塞拉斯（Kevin Sellars），Invent America! 学生发明比赛中获得全国奖项，可伸缩的自行车挡泥板发明人

"我从这次经历中学到的最重要的一点，"克里斯蒂娜回忆说，"就是如果你发现了问题，但又不知道如何全面地解决问题，你可以从力所能及的地方入手。在你努力的过程中，新的机会和解决办法都会浮现出来。只要你开始去做，你就会对问题有越来越深入的了解，也具备了更佳的能力去解决。"克里斯蒂娜因发明了可调节矩阵轮椅坐垫而获得2001年度英特尔科学与工程展览会工程类的第三名，还获得了"可调节矩阵轮椅坐垫"和"散热性轮椅坐垫套"两项专利。2001年，她入选全美青少年发明家名人堂。

发明人通常是乐观主义者。当遭遇失败或阻碍时，他们总是坚持不懈，因为他们相信自己的发明能够成功。

当发明人开展一个项目时，他们往往需要确认一个待解决的问题，设想一个解决方案，把他们的构思画成一个草图，然后再考虑所需要的材料和技能。

将构思画成草图

制作模型的第一步是将你的构思在你的发明人日志或日记上画成草图。草图可繁可简。重要的是，草图能够清楚地展示你的想法，易于理解。如果你画完之后再看草图，发现连自己都看不明白，那草图

发明人的话

"开始制作模型之前，先把它画下来，确保你自己知道它的外观和所需要的材料。"

——卢克·巴德（Luke Bader），2003年度Invent Iowa州级发明大赛功勋奖获得者，随行训练器发明人

的作用就很有限了。

许多发明人给草图或设计图上的各个部位写上名称或标上番号。然后，他们还要为整个草图和每个部位做注释，描述各部位有什么功能，如何与其他部位配合。你可以尝试以上的方法，也可以把其他任何有关草图的想法都记录下来。你还可以为你的发明画不同视角的草图，如正面图、背面图、侧面图和顶视图。

列出所需的材料

制作模型的第二步是问自己一个问题："我需要什么材料来把我的创意制作成模型？"你不一定要使用新的材料。你可以在家的附近搜寻，到废品堆积场、旧货商店或者路边摊去看看能否找到所需的材料。你也可以从亲戚或邻居那里获得。许多复杂的模型也能用简单、低廉的材料来制作。你不是非得要花很多钱。许多发明人都是用随手找来的材料进行试验，等试验成功之后，他们可以用更好的材料来制作成品。

发光螺帽扳手

来自新泽西州阿伯丁的克里斯汀·赫拉巴（Kristin Hrabar）用一个电池供电的笔形手电筒、一根吸管和一个螺帽来制作了她的发光螺帽扳手模型。克里斯汀在九岁的时候产生了这个发明的想法。当时她的父亲弗兰克·赫拉巴要给一台烘干机的底部拧一颗螺帽，他叫她拿手电筒帮他照明。虽然她的家人后来根据她的创意制作出一个更精致的产品，采用的材料不同，构造也更结实（可以在www.laserdriver.com网站上购买），但她最开始用廉价材料做出来的模型确实证明了她的创意是可行的。2002年，克里斯汀参加了一个电视节目叫"发明人大挑战"，该节目于当年6月份在探索频道播出。此外她还获得了发明专利。

克里斯汀·赫拉巴和她的发光螺帽扳手

列出所需的工具

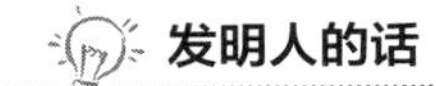

发明人的话

“我们想尽办法来降低冰面爬行机器人的制作成本。我们从家里找东西，从车库和五金商店找东西，为了找到扭矩够大的马达，我们还跑到机械师那里去买了一个旧的车窗电机。”

——希瑟·克雷格（Heather Craig）、汉纳·克雷格（Hanna Craig），2001年度西门子西屋数学与科技大赛团队组第二名，冰面爬行机器人发明人

等你列出所需的材料之后，就考虑下你需要什么工具来组装模型。你能否依赖一些简单的工具就可以完成，比如螺丝刀、扳手、钳子或剪刀？你需要手电钻、带锯、电焊工具或者缝纫机吗？你需要电脑吗？你需要什么来实现你的想法呢？在你的日志或日记上列出所有需要的工具。如果你找不到这些工具或者不会使用它们，你可以想想怎样去找到工具，想想有谁能教你使用。

估算成本

现在你已经把想法画成了草图，做了注释，并列出了所需的材料、工具和技能，你完全可以开始制作模型了，对吗？先别着急。你还不知道制作模型的成本呢。你能负担这个成本吗？把你认为所有必要的开支都加起来。如果成本超出了你的预算，你要考虑如何降低成本。可以找一些用过的或剩余的材料，也可以找人捐赠一些材料。或者通过洗车、送外卖、设计网页等零散的工作来赚取一些项目资金。否则，你就选择一个成本更低的项目来做。时间也要计算在成本之内。估计一下你完成项目所需的时间。如果你无法投入这么多的时间，就不要贸然开始。

掌握好已有的技能，学习新的技能

发明人在制作模型时需要使用各种技能。做笔记、测量、剪裁、拍照等都是重要的技能。焊接、拉锯、园艺、缝纫、烹饪等也同样重要。具备一定的电力、物理、化学或计算机等方面的知识就更加有益。许多课程不光能在学校学习，也

可以通过到当地的大学、政府、青少年组织和俱乐部学习。如果你不具备制作模型的必要技能，也不要泄气。许多发明人都在发明的过程中学习技能。

晴雨狗

来自加利福尼亚州塔斯廷的约翰尼·波蒂尔斯基（Johnny Bodylski）在七岁时发明了雨天自动关闭洒水器的装置。“它基本上就是个跷跷板，”约翰尼说。他把一根木制的平衡杆放在一个架子上，平衡杆的一端连着几块垫片和一个螺栓（构成一组可滑动的砝码），另一端连着一个装奶酪的杯子。他在杯子下面安装了一个微型开关。当雨水落在杯子里，杯子下沉，就会触动微型开关，继而关闭计时器。等雨水蒸发之后，杯子就会翘起来，释放开关，继而使计时器重新工作。

约翰尼请求他的父亲教他如何把他的发明做成实物。“我父亲很厉害的一点是他知道怎么做东西，”约翰尼说，“这样我就能直接告诉他我要做这个，我要做那个。然后他就说，好吧，这个要这么做，那个要那么做，你知道了就赶紧去做吧。”约翰尼做了很多实验来确定多少水量能够使杯子下沉、触发开关。他观察模型的工作情况，然后作出调整。1996年，他入选全美青少年发明家名人堂。他把自己的发明称为“晴雨狗”。“我喜欢这个名字，”约翰尼解释道，“因为它让我感觉到有一只狗狗在保护我，很安全。它能帮你照看草坪，让你省心。”

搭建工作间

你需要一张书桌做作业，同样，你也需要一个工作空间来制作模型和从事发明创造。有些年轻的发明人愿意在学校做项目，有些人喜欢在自己的房间，或家里的餐桌上、地下室、后院、车库里做。

快速草料车

来自伊利诺伊州米尔斯塔特的贾斯廷·里贝林（Justin Riebeling）把一辆手推车改装成了喂草料的工具。有了这件工具，他就能更轻松地完成每天给家里的15头奶牛喂草料的工作（每一桶草料重约12公斤）。家里的车库就是他的工作间，工具也容易找到，他还有个专门做测量、切割等杂活的地方。一开始，他打算用30厘米高的木块做手推车的围栏，把草料围住。他

的父亲替他切割了木块，再帮助他把木块安装到手推车上。这样本来已经足够了，但贾斯廷还希望车的一端有个滑动门，只要车一抬起，草料就被倒进奶牛的槽里。父亲提醒他草料可能没有那么容易被倒出去，他于是想到在推车内部安装一个45°的木制滑槽。后来他决定把滑槽和整个推车里面都镶上金属薄板，使表面变得非常光滑。他还在门上安装了一块板，只要他按下这块板，门就会打开，草料便顺势滑了出来。学校的同学都对他的发明赞不绝口。“他们说我要在科学展览会上得奖，还说它很灵巧，”贾斯廷回忆道，“我不是这世上最聪明的人，我的学习成绩也不过是B和C。他们就觉得奇怪，你是怎么想到这主意的呢？”贾斯廷在2002年度“工艺师/NSTA青少年发明者奖励计划”中进入全国总决赛，2003年入选全美青少年发明家名人堂。

寻求帮助，确保安全

有时你可能想到一个很棒的创意，但将创意变成一个有效的模型还要求使用一些特殊的工具，或者一些你不知该如何使用、没有能力去使用，甚至是不准许你使用的危险工具。在这种情况下，你可以寻求他人的帮助。找一个成年人来指导或看护你。采取一定的安全措施也是模型制作和发明创造过程中的重要环节。或者，如果有成年人愿意按照你的要求来帮你完成工作，这也是可行的。

许多发明人都会寻求他人的帮助。必须确保你所做的工作是力所能及的（如果你有这样的技能），而且你是提出想法的人。就算别人帮了你，但想法应该是你自己的。

简易开门器

"我每次去奶奶家的时候，我都得帮她把门拉住，好让她的轮椅通过。因此我想发明点什么东西来自动地挡住门，不让它关闭，"来自艾奥瓦州印第安诺拉的凯特琳·尤班克（Katelyn Eubank）回忆说。她想到要把刷涂料的滚筒安装在祖母轮椅的轮子上。滚筒从轮椅的侧面垂直伸出来，既能在轮椅通过时挡住门，又不会损伤门。"我知道我想发明东西来帮助人类或动物，"她说。凯特琳对所有的材料进行了测量，她的父亲替她完成了焊接。"第一次做的时候，轮椅太宽了，无法通过门，我们就必须把尺寸缩小，"凯特琳解释道，"但这样的话，滚筒就往里压，把轮子也挡住了。第二次做的时候，我们把滚筒做得更结实了一点。我和爸爸一起合作。我很沮丧，因为我们不得不重做好几次模型，我没想到它最后能成功，但它确实成功了。不要让沮丧的情绪阻止你前进的脚步。"凯特琳获得2003年Invent Iowa州级发明大赛和2004年"工艺师/NSTA青少年发明者奖励计划"的奖学金。

有时你完全没有技术或能力去使用某台设备或机器，甚至都无法找到这些设备或机器，你的家人也帮不上忙。如果你需要使用不易找到的精密设备，你可以请求你的老师、导师或父母去联系当地的大学或机构，他们也许就有这些设备。或者，你也可以支付一定的费用，请别人来帮你完成某项任务，以便实现你的想法。

发明人的话

"使用电钻的时候，我会戴上护目镜，穿一件长袖衬衣，戴皮手套，这样我才能保护自己不被飞溅的金属屑伤到。"

——凯文·拉勒斯（Kevin Sellars），Invent America! 学生发明比赛中获得全国奖项，可伸缩的自行车挡泥板发明人

机械臂制动器

七年级的马修·克里斯琴森（Matthew Christiansen）生活在艾奥瓦州斯克兰顿的一个农场上，斯克兰顿的总人口也不过五百人。他发明了机械臂制动器。机械臂是用于大型储粮罐内部的设备，有些大型储粮罐能存储2500公斤粮食，有一间教室那么大。机械臂的外形类似于人的手臂，手臂周围有弧形的金属片，在储粮罐里不停地转动。当人们需要使用或出售储粮罐里的粮食时，机械臂就把粮食扫到一个出口通道处。"经过加压的机械臂可以一直保持在粮食的表层位置，"马修说，"但总是有些粮食会剩下来，因此我的父亲、哥哥兰

迪或者我自己要亲自下去，跟在机械臂的后面，把罐底的粮食都清扫干净。”对于马修一家以及其他许多农民家庭来说，机械臂这套系统还是很管用的。但是，一旦到了最后剩下的粮食无法清理的时候，它就失灵了，根本没办法停下来。也许只有拿农民的脚才能阻止它了。“我们每次下到罐子底部时都很害怕，”马修的父亲解释说，“如果你到罐子里清扫，很容易就卷到机械臂里面去了。”

马修的发明是一块弯成90°直角的简单金属片，它可以在机械臂的末端阻止轮轴继续转动。整个发明的思路是，当机械臂转速过快时，它就会触碰到制动器，继而停止转动。然而，马修本人并没有制作金属片的能力。于是他花钱雇了一位有经验的技师来替他制作金属片。也就是说，他拥有创意，而另一个人拥有设备和技能来实现创意。马修将制动器安装在自家农场的六个储粮罐里。镇上的其他农民也很想拥有这样的装置。马修因发明“机械臂制动器”而获得Invent Iowa州级发明大赛的奖学金。

学生单独从事发明的时候，经常从父母、老师、导师和其他专家那里得到帮助。如果你是由教练指导的团队，那你就有机会得到专家的建议。

可制动的购物车

密西西比州布兰登中学的四名七年级学生在他们的教练——乔·安·克拉克（Joe Ann Clark）老师——的帮助下，决定解决购物车在停车场失控的问题。这四名学生，帕特里夏·林孔（Patricia Rincon）、劳伦·拉欣（Lauren Rushing）、乔尔·安德森（Joel Andersen）和帕特里克·霍尔（Patrick Hall），访问了多家超市的经理，包括像沃尔玛这样的大型超市，询问他们是否有跟购物车有关的问题，比如购物车在停车场因失控损坏车辆而赔偿过，赔偿的金额大致是多少等。“有一位经理告诉我们，他们每年因为购物车在超市停车场损坏车辆，平均每家店需支付5000美元的赔偿。”劳伦介绍说。

于是团队开始为购物车设计刹车。整个过程中，他们都从密西西比州立大学的机械工程师那里咨询意见。“有一个国家航空与航天局（NASA）的科学家接见了他们，专门给他们挑毛病，”克拉克老师说，“他们有自己的设计，但他帮助他们梳理细节，确保他们清楚地知道自己在干什么。”最后设计出来的刹车是一根金属杆，与购物车的推杆平行安装。当你按下金属杆时，车就能推走。当你松开金属杆时，刹车就把车停住。学生们分别在购物车负荷很重、很轻和行驶在斜坡上的情况下测试了刹车的性能。每一次测试都获得了成功。作为评委之一的格雷格·黑尔（Greg Hale），迪士尼乐园的骑行与展示工程部副部长，称赞他们的发明为“优雅工程”，并认为这项发明已经成熟，可以立即推广了。发明团队最终在2002年度哥伦布奖中获得第一名。

制作比例模型

也许你的发明涉及很大尺寸的东西，比如防止直升机坠机的方法。在这种情况下，你可以考虑制作比例模型来验证你的想法。比例模型就是根据一定的比例将实物缩小或放大之后制作的模型。比例模型从细节上来说与实物（通常尺寸更大的实物）相仿。飞机的比例模型常常用来测试新的改进措施，改善飞行质量。工程师们采用桥梁或建筑的比例模型来验证他们的设计是否合理。制作和使用比例模型也是你从事发明的选择之一。

主动性旋转控制：防锁死刹车的下一步

“我一直都喜欢汽车，尤其是电动汽车，”汉斯·克里斯琴森·李（Hans Christiansen Lee）在他的发明报告中如此写道。他来自加利福尼亚州的卡梅尔，他的发明能够防止汽车打滑失控。当时他正在读高中。“我从五年级开始制作电动汽车。我在这辆车上面花了大概五年的时间，汽车的框架、悬挂和传动系统都基本做好了，我的目的不是想要完成这辆车，而是从这个过程当中学习尽量多的物理和汽车制造的知识。”事实上，他不仅学到了知识，还同时学会了如何使用电动工具，如电钻和带锯。他的父亲是一名工程师，指导了他大部分的项目，让他懂得了电路系统和电脑编程，以及工程学的知识。他又从母亲那里学会了撰写技术报告。

读高中期间，他为一家专门设计电子控制器和马达的公司工作。他构思出了一个防止汽车打滑的办法。他想要验证自己的想法，但出于成本和安全的考虑，他不能使用真正的汽车。他决定使用小一点的微型单座汽车。

他先将独立控制的马达安装在单座汽车的后轮上，再利用自己的焊接技术来为安装支架焊接一个集成电路控制板。然后，汉斯为电脑系统编程，当单座汽车失控（打转或打滑）时，电脑就发送信号给后车轮马达，以恢复对车辆的控制。有了这个系统，汉斯就不必在单座汽车打滑时启用刹车，因为电脑会帮他解决打滑的问题。

“开单座汽车是很带劲的，”汉斯说，“它并不危险，行驶很稳定。”汉斯所发明的系统，即“主动性旋转控制：防锁死刹车的下一步”启动的速度很快，当车辆时速达到60英里（96.56公里）的时候，该系统只需在2英寸（5.08厘米）的距离内启动，比依赖发动机来制动的防滑系统要快得多。“每天都有人死于单车事故，且多数事故是由于车辆失控造成的，”汉斯解释道，“减少这些事故的发生，当然就能减少生命和财产的损失。”

发明人的话

“如果有什么事情失败或没有达到预期的话，你也不要放弃。如果碰到什么障碍，你就尝试别的办法。永远不要说‘放弃’两个字。我的发明本来是一次课堂作业。但我没有考虑成绩的问题，我就是希望它能成功，所以我一直坚持到它成功为止。”

——琳赛·克莱门特（Lindsey Clement），2001年入选全美青少年发明家名人堂，枫香树果拾取机发明人

汉斯在2000年度全美“西门子西屋数学与科技大赛”中进入决赛，并赢得了英特尔科学人才奖（Intel Science Talent Search）高达两万美元的大学奖学金。2001年，他入选全美青少年发明家名人堂。2002年，他被《少年时人》（*Teen People*）杂志列为“将要改变世界的二十名少年”之一。

练习

一、为你的发明作准备

按照本章给出的步骤进行准备：

- 为你的创意画出草图
- 确定并收集你所需要的材料和工具
- 搭建工作间。找一个空地，哪怕很小的空地，来存放你的材料，制作你的发明。

二、制作一件工具

只要你肯学习，许多技能都是很简单的。学习一项新技能，或者利用你现有的技能来组装下列任意两件物品。比如，做一个发光的宠物项圈，或者有磁铁吸

住钉子的铁锤。在此过程中，你能提升你的技能，更好地为从事发明作准备。如果你还没有想到什么发明和创意的话，也许你就能从下列物品中获得灵感：

轮子，弹簧，把手，扫帚，磁铁，口哨，铁铲，绳子，灯泡，门，耙子，CD，魔术贴，球，簸箕，衬衫。

三、制作一个比例模型

制作比例模型能帮助你更好地理解事物的工作原理。试着用简单的材料来制作一个气垫船的模型或一辆纸汽车。

气垫船

利用少量材料来制作一个简易气垫船。

材料：胶水，矿泉水或功能饮料的瓶盖（那种按压式的瓶盖，拔起来可以喝水，按下去以后水就出不来了），CD，气球。

步骤：

1. 将瓶盖用胶水粘在CD的孔上面。
2. 把瓶盖按下去，避免空气进入。
3. 把气球吹起来，放到瓶盖上方。
4. 将瓶盖拔起来，允许空气从气球里出来。
5. 松开手。观察CD气垫船如何在地面移动。

想象一个更大规模的画面。你如何能将这个简易气垫船的原理应用到别的设备或你的发明当中？

纸汽车

做一个会跑的汽车。用纸、胶水、细木扦和一些其他的材料。你的汽车最大尺寸应为2.5英寸宽、6英寸长、3英寸高。

材料：方格纸，四页20磅的纸张（8.5英寸×11英寸），钢笔或铅笔，剪刀，胶水（胶棒或胶带），尺子，两张索引卡，圆规，一根塑料吸管，两根细木扦（也可以用掰直的回形针）

步骤：

1. 设计汽车

（1）设计你想要的汽车（如果你有汽车图片，用方格纸来绘制汽车的比例，然后根据放大或缩小的比例来制作你的汽车）。请记住，你不是要制作很完美的汽车，只要外观像汽车，能跑动就可以了。

（2）给你的汽车画一个草图。草图是汽车的侧面图，即你看到汽车经过时的样子。确保你的草图不超过之前规定的尺寸。

2. 制作车身

（1）做汽车的侧身。剪出六块同样大小和形状的汽车侧身，把胶水涂在一块侧身上面，将第二块粘上去，然后再涂上胶水，粘上第三块，这样就做出三层厚的侧身了。晾干。（提示：可用一本厚书或其他重物压，晾干以后，侧身就是平整的。为保护厚书或重物，可以将接触侧身的那部分铺上蜡纸。）胶水干了以后，侧身就变硬了；这个过程叫“叠层”。这样制作出来的侧身比单纯用纸做出来的要结实得多。现在你已经做好一面的侧身。重复上述步骤来制作第二面侧身。

（2）做汽车的底部。根据你设计的汽车测量并剪出两块纸片。再剪出第三块比前两块长和宽多0.5英寸的纸片。按照制作车身的方法，用胶水将前两块纸片粘到一起。再把这两块纸片粘贴到第三块纸片上，周围留出约0.25英寸的边缘部分不要涂抹胶水。晾干。将那未抹胶水的边缘部分折叠起来，涂上胶水，再将边缘部分粘到侧身的底部。晾干。你现在就有一个结实的三维框架了。

（3）做汽车的顶部。跟制作汽车底部一样，你首先要测量，确保你剪出的顶部比车身宽度宽0.5英寸，每一条边缘都有0.25英寸的部分可折叠。剪出所需要的纸片，做成顶部的形状。为了做出挡泥板、引擎盖或者后备箱，你可以在折叠处剪出菱形或三角形，以便于造型。等你做好造型之后，将所有边缘折叠起0.25英寸宽。涂上胶水，将顶部粘贴到上一步骤中做好的车身上去。

3. 制作、安装车轮

（1）如果你按照比例来制作车轮，有可能导致车轮过小，无法在纸汽车上正常运转。你可以试着把车轮做得稍大一点。用索引卡来做车轮。车轮的直径应为

25美分硬币那么大，跟婴儿食品罐盖子大小差不多。用硬币在索引卡上勾勒出车轮，剪出八个这样的圆圈。然后两两粘贴形成四个车轮（涂抹胶水可使车轮更结实）。晾干。用圆规、钢笔或铅笔在车轮中间戳一个洞。

（2）将吸管剪成长度相当于汽车底部宽度（宽度×95%）的两段。这两段吸管要粘贴在汽车的前后两端，以固定车轴。

（3）将两段吸管分别粘贴在汽车的前后两端。

（4）往每段吸管里插入一根木扦。

（5）将车轮安装在木扦（车轴）上。用胶水粘牢。晾干。

现在你可以装饰你的汽车了。用剪刀剪出窗户或者画出窗户。为汽车加上保险杠、排气管、金属网罩或天线。

汽车装饰好以后，你就可以测试它的性能了。把汽车放在一个倾斜的表面上。松手让它跑起来。还可以叫上朋友们一起做汽车，然后来个汽车比赛。

你如何改进你的比例模型呢？在制作过程中，你是否学到一些可应用于发明创新的技能呢？

以下是纸汽车的其他做法：

1. 用卡纸来制作汽车。使用胶带来代替胶水粘合汽车零件。

2. 采用混凝纸或其他材料来制作汽车的顶部。

第4章 给你的发明命名

给你的发明起名字是发明过程中一个很有趣的环节。你可以用自己的名字来给发明命名。你也可以根据它的用途、外观和声响来命名。你还可以按照它的成分或材质来命名。要不你干脆就选一个很响亮、容易上口的名字。弗兰克·埃珀森（Frank Epperson）最初给他的发明命名为“埃珀森牌冰棍”（Ep-sicle）。1905年，当埃珀森才11岁的时候，他有一天夜里把自己的饮料留在了走廊上，饮料里面还有一根搅拌棒。他想尝尝饮料被冻成冰以后是什么味道。他觉得味道还很不错。但他一直等到1923年才开始售卖这种食品。他的孩子们后来把冰棍的名字改成了“爸爸冰棍”（Popsicle），即棒冰。

用你自己的名字来命名

家乐氏玉米片（Kellogg's Corn Flakes）用威尔·基思·凯洛格（Will Keith Kellogg）的名字命名，因为他发明了速食的早餐麦片。托蒂诺比萨根据罗斯·托蒂诺（Rose Totino）的名字命名，因为她发明了冷冻比萨的方法。而巴氏杀菌牛奶以路易·巴斯德（Louis Pasteur）的名字命名，因为他发明了灭除牛奶中微生物的方法。有许多发明，包括孩子们的发明，都是以发明人的名字命名的。

查理自动洗狗机

来自佛罗里达州温德米尔的查理·马蒂基威茨（Charlie Matykiewicz）在他13岁的时候发明了自动给狗洗澡的机器。这是一个由PVC管组成的盒子形状的框架。顶部的一根PVC管上有一个项圈，可以将狗固定在位置上。底部的一根PVC管上安装了一条水管，可以供水。查理还在其他的PVC管上钻空，装上喷嘴，等他一打开水龙头，水就从喷嘴里出来了。这样他就能毫不费劲地给狗洗澡了。查理给他的发明命名为“查理自动洗狗机”。

根据发明的用途来命名

“查理自动洗狗机”这个名字不仅包括发明人的名字，还包括发明的用途。许多发明都是根据其用途来命名的。“苍蝇拍”就是用来拍打苍蝇的一根塑料拍子。“计算机”可以用来计算。“回形针”也就是纸夹，可以用来夹纸。有时候，越是简单的名字越是容易被记住。以下这位年轻的发明人就给他的发明取了一个简单明了、带描述性的名字。

孩子们
的发明

脚蹬除草机

米切尔·韦斯（Mitchell Weiss）来自康涅狄格州布卢姆菲尔德，他在读7年级的时候成为2001年度“工艺师/NSTA青少年发明者奖励计划”（西尔斯百货公司赞助）的获奖者。当时他在一场学校的集会中听到了自己的发明。他坐在观众席中，一位从附近的西尔斯百货公司邀请来的嘉宾开始发言。“他问，有多少人听说过铁锤？所有人都举起手，”米切尔回忆说，“他又问，有多少人听说过螺丝刀？又是所有人都举手。然后他再问，现在看看有多少人听说过脚蹬除草机呢？我完全惊呆了，感觉自己脸色苍白。”脚蹬除草机就是他的发明呀！他把一辆自行车的前轮改装成了手推除草机，这样就能靠脚蹬车轮来除草，非常方便。

米切尔·韦斯发明的脚蹬除草机

以修辞技巧来命名

米切尔（Mitchell）为他的发明命名时，用了两个英语单词，即Pedal和Powered，意为“脚踏板驱动”。这两个单词的第一个发音都是“P”，因此也形成了一种被称为“头韵”的修辞方法，还比如我们说“Happy Holidays”、“best bet”，或者“Simple Simon”。这是一种好玩的文字游戏，能让你想出一个漂亮的名字。

“发明的名字要能够描述发明本身，要醒目，容易记住，叫起来很响亮。”

——奥斯汀·梅吉特（Austin Meggit），1999年入选全美青少年发明家名人堂，手套棒球架发明人

调节性笤帚

彼得·霍辛斯基（Peter Hosinski）是康涅狄格州斯坦福达文波特学校的四年级学生。他发明了一个工具，可以帮助你清扫一些难以够到的卫生死角。他为自己的发明起了一个押头韵的名字“调节性笤帚”（Bendable Broom）。他最终入围了2001年度“工艺师/NSTA青少年发明者奖励计划”的总决赛。

押尾韵也是一种修辞手段，只要单词的最后一个发音相同即可，比如英语中的“true”、“blue”和“you”。

公平分享的计时器

贝齐·阿米蒂奇（Betsy Armitage）是加利福尼亚州圣地亚哥霍姆斯小学的二年级学生。她利用两个容量为1升的汽水瓶制作了一个超大的煮蛋计时器，并把它起名为“公平分享的计时器”（Fair Share Timer）。为了能让发明成功，她试验了多次，以确保沙子从一个瓶子流到另一个瓶子的时间为五分钟。她之所以想制作这样一个计时器，是因为她和家里的姐妹总是在争吵谁该在后院的蹦床上玩多长时间。她采用了押尾韵的技巧来给计时器命名，即两个尾音相同的英文单词“Fair”和“Share”（意为公平、分享）。这个名字听起来很棒，而且也很有意义。她获得了2003年度“工艺师/NSTA青少年发明者奖励计划”的全国大奖。

你还可以用自己新造的词来给发明命名。有些字母的组合实际并没有意义，只是加在单词后面听起来很酷，比如“-itz”、“-oogle”。“Flip-Itz”就是一款弹跳玩具的名字。此外，重新组合单词或者生造词语也是可行的。

孩子们的发明

大肠杆菌检测手套

来自密苏里州圣路易斯约翰·伯勒斯学校的七年级学生，他们由于对大肠杆菌检测技术的构想而获得2004年度“ExploraVision发明大赛”的冠军。他们的创意是发明一款供肉食操作员和饭店工作人员佩戴的手套。当接触到感染大肠杆菌的肉食时，手套就会迅速变色。他们为这款手套取的名字“E-colocator Gloves”（大肠杆菌检测手套）就是将三个英语单词融为一体，即“E. coli”和“locator”（意为大肠杆菌、检测仪）。这个名字不仅好记，而且也表明了手套的功能。真是太聪明了！

关节炎患者专用汽车发动装置

来自得克萨斯州汉密尔顿的查尔斯·约翰逊（Charles Johnson）是个发明的行家。从幼儿园到高中，他几乎每年都参加发明比赛，也几乎每年都得奖。他发明了一款专门供关节炎患者使用的汽车发动装置，并给它取了一个有趣的名字“Carthritis”（意为“关节炎患者专用汽车发动装置”，将car和arthritis两个英文单词结合在一起组成的新词语）。他希望这个装置能帮助患有关节炎的祖母轻松地发动汽车。他确实成功了。祖母使用了他的发明很多年。查尔斯也赢得了本地发明大赛的“年度发明人”称号，以及1996年度“Invent America! 学生发明大赛”的全国总冠军。

发明人的话

“发明的名字应该描述发明本身是什么，它的功能如何，或者发明人是谁。我的班上有个女同学发明了一个能帮助你包裹保鲜膜的玩意儿，她取名叫‘朱莉保鲜膜包裹器’（Julie’s Wrap-O-Matic）。这个名字不仅包含了产品的功能，还有发明人的名字。真是个好名字。”

——卢克·巴德（Luke Bader），2003年度Invent Iowa州级发明大赛功勋奖获得者，随行训练器发明人

根据声响来命名

如果你的发明能发出声响，比如咔嚓、啪嗒、呼啦、砰砰，你可以在名字中用一个词来形容这个声响。查尔斯·约翰逊（Charles Johnson）就采用了这种方法来命名他的另一个发明——婴儿蜂鸣器。这个发明是一个压力感应器，放置于楼梯的底部和顶端，当有婴儿靠近，想要爬上或爬下楼梯时，蜂鸣器就会报警。

多尔顿·亚当斯（Dalton Adams）曾就读于宾夕法尼亚州里姆斯小学。他在四年级的时候为他的发明取名为“呼啦国旗”（Snap-a-Flag），因为他把国旗覆在一面遮光屏上，只要“呼啦”一声就可以把国旗收起来或者展开。他在2003年“工艺师/NSTA青少年发明者奖励计划”中获得地区奖项。

根据手感命名

如果你的发明有特定的手感，也可以根据手感来命名。也许它很柔软，让人想抱它；也许它有尖锐的棱角或者粗糙的表面；也许它感觉像刺猬或海绵。来自俄克拉何马州麦克劳德的七年级学生布里特妮·考诺伊（Brittney Kaonohi）和吉米·斯托尔（Kimmy Stoll）给她们发明的橡胶手套命名为“软硬兼施”（Ruff-n-Tuffies），因为她们把海绵和刷子都加在了手套的手指和手掌上。她们在2003年的Invent America! 学生发明比赛中获得了亚军。

发明人的话

“我要喂饱那些奶牛真是一个漫长的过程。我用了一个小车来制作我的模型。我觉得这工具快多了。于是我就叫它‘快速草料车’。”

——贾斯廷·里贝林（Justin Riebeling），2003年入选全美青少年发明家名人堂，快速草料车发明人

为你的发明起个醒目的名字

有些发明虽然名字很醒目，但多少又有点别扭。你需要花点时间来记住它，可你一旦记住了，就很难忘掉了。“鬼机灵”（Slinky）是一种会“走路”的弹簧玩具。许多小孩都喜欢看它在楼梯上“走路”的样子。在第二次世界大战期间，

美国海军工程师理查德·詹姆斯（Richard James）很偶然地发现弹簧能够成为一种玩具。当时他正在用弹簧做实验，结果一个弹簧掉在地上，并开始自行移动。后来他把可爱的弹簧玩具展示给他的妻子贝蒂，贝蒂查阅了字典，找到一个很恰当的词来形容这种玩具，说它有点鬼鬼祟祟、偷偷摸摸的意思。这个名字真是再适合不过了，“鬼机灵”玩具自1946年面世以来一直流行至今。

“掌熟生巧”

西拉·琼斯（Sierra Jones）来自加利福尼亚州圣地亚哥，她在八岁的时候发明了一种锥形的塑料工具来包裹仙人掌，可以在种植仙人掌时保护自己不被扎手。她给这个发明命名为“掌熟生巧”。2003年，她就读于霍姆斯小学三年级，她为了完成学校的作业而发明了“掌熟生巧”，而她之所以取这个名字，是因为她希望能提醒使用工具的人，在种植仙人掌的时候，你必须不断地练习，才会熟能生巧。

缩略语也能成为醒目的名称，比如VIP（贵宾），DJ（唱片骑师、音乐节目主持人），或者SCUBA（独立水下呼吸设备）。

“抬起头来”

来自新泽西州德马雷斯特的哈里斯·索科洛夫（Harris Sokoloff）刚上北谷地方高中（Northern Valley Regional High School），就在电子技术课程上得到了一项任务：发明一款电池能源的设备。得到任务的当天，他骑自行车回家，一边骑车还一边戴着耳机听着音乐。他听得很入迷，音乐声把周围的声音都屏蔽了，因此他根本听不见有汽车的喇叭声在他身边响起——他几乎被汽车撞到。

“我很幸运，没有受伤，这样我才能回过头去想，要是当时能听见汽车的声音该有多好，”哈里斯回忆说，“这就是创意的来源。”

哈里斯花了几个月的时间来发明一个安装在便携式CD机上的噪音检测器。当检测器检测到噪音时，比如汽车的喇叭声，它就会向继电器发出一个信号，而继电器又会触发录音器。“使用该设备之前，”哈里斯解释说，“你可以通过内置的麦克风录下自己的声音，等设备检测到噪音之后，就会自动地把你的声音传到耳机里，比如‘危险’、‘小心’之类的。”

“我的老师拉贝洛先生在我有了创意之后就帮助我迅速地开展项目，”哈里斯继续说道，“他告诉我需要做什么，怎么做。没有他的帮助，我是不可能完成这个项目的。”

为了验证自己的发明是否有用，他给许多地区的警察局都发去了电子邮件。洛杉矶警察局的人员联系了他，并告诉他，虽然他们没有可靠的数据，但确实有很多交通事故是因为人们戴着耳机、听不见汽车的噪音而造成的。2002年，哈里斯因为他的发明而入选全美青少年发明家名人堂。

哈里斯希望以发明的用途来给它命名，即提醒戴耳机的人。想想看，当你要提醒别人注意的时候，你会怎么说呢？哈里斯和他的老师一共列出了50个名字，最后他们都选择了“抬起头来”（Heads up）。这是一个醒目的名字，同时也十分贴切地表达了发明的意图。

哈里斯·索科洛夫在展示他发明的“抬起头来”提醒设备

发明人的话

“命名的关键一点在于逻辑性。如果你能找到一个既醒目又具有描述性的名字，那就是最佳的选择。”

——查尔斯·约翰逊（Charles Johnson），1996年度Invent America!学生发明比赛全国冠军，火车检测仪发明人

练习

一、用你自己的名字来给发明命名

如何将你的名字与发明的名字结合起来？尝试使用一些描述性的词汇来与你的名字结合，从而想出一个新的好名字。你能将你的名字和产品的名字押韵吗？

二、给一些众所周知的发明重新命名

为你熟悉的东西重新命名，比如滑雪板、滑板、鼠标、梳子、自行车刹车、洗衣机、微波炉和冰箱。

第5章 参加与发明相关的比赛、项目及营地活动

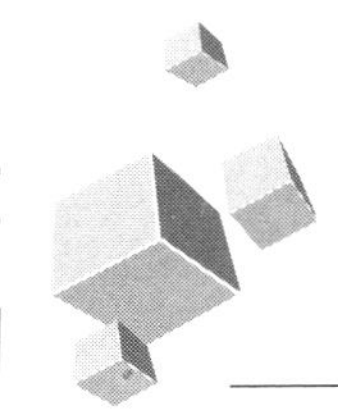

青少年参与发明的机会很多。学校、俱乐部、社会组织、公司，各城市、州和国家都有鼓励孩子们发明的举措。有些要求发明对社区或环境有益的东西，有些要求发明玩具或工具，还有一些则是开放性的，只要求你做力所能及的发明。1919年，13岁的菲洛·法恩斯沃思（Philo Farnsworth）因发明了磁化点火器和钥匙而赢得了由雨果·根斯巴克（Hugo Gernsback）的《科学与发明》杂志赞助的全国发明比赛。他之所以参加比赛，是因为他在12岁以前就决定了自己要做一个发明家，而不是农民。然而，当他萌生出要发明电视机的想法的时候，他正在甜菜地里干活。菲洛从高中时代起就致力于电视机的发明，这台娱乐设备后来经过不断的改进创新，涉及发明专利上千项，其中有160项都授予了菲洛。

许多学生都同时参与了发明比赛和科学比赛，因此有必要了解这两者之间的区别。科学比赛鼓励学生进行科学实验，开发新的系统或机械，或者研究某些课题。他们的成果并不一定就会产生发明。获奖的学生也主要是因为其科学技能、才能和取得的成果而获奖。发明比赛则要求所有的参赛者都提供发明。尽管参赛者在发明过程中经常会用到数学和科学的技能，但关键的步骤之一就是要确认他们的想法具有创新性。

发明人的话

“有趣的是，我在本地的发明比赛中只获得了优秀奖，还有点沮丧，后来我从杂志上看到有全国的比赛，就参加了，还拿了个冠军。”

——约翰尼·波蒂尔斯基，1996年入选全美青少年发明家名人堂，晴雨狗发明人

大多数学生都是在完成课堂作业的时候开始从事发明的。发明的成果要拿到学校的发明比赛上展示。有时候，在学校比赛中获奖或未获奖的学生还将其发明带到市级、州级、国家级或国际的比赛中。也有些学生会同时带上几件发明，参加多个比赛。一件发明也许无法打动这一组评委，但却受到另一组评委的喜爱。许多学生在一次比赛中只得了优秀奖，却在别的比赛中收获了冠军或亚军的奖项。这样的情况时有发生。因此，学生应抓住机会，参与各种比赛。

有关发明的项目也多种多样。有些比赛只针对个人，有些比赛只针对团体。大多数比赛都需要通过学校来报名参加，少部分可以学生个人的名义参加，有无教师指导均可。有些项目允许从幼儿园至12年级的学生参加，有些只允许低年级或高年级的学生参加。在为学生举办的国家级比赛中，有些还接受其他国家的报名者。你可以针对不同的项目申请不同的创意。

参与发明比赛的益处

许多发明比赛都为获奖者提供奖金、奖品、储蓄债券或奖学金。有些年轻的发明人申请到专利和商标之后就可以将其发明出售或授权。有些发明人借助其成果获得实习的机会，或者赢取奖学金甚至大学招生委员会的青睐。大多数人在从事发明和向评委展示的过程中增强了自信心和自尊心，非常有益于个人身心的发展。

发明人的话

“即使没有比赛，没有金钱上的奖励，我会做同样的事情。只要你专注地做一个项目，就能学到很多东西。真是一次很棒的体验。”

——卡维塔·舒克拉（Kavita Shukla），2001年入选全美青少年发明家名人堂，葫芦巴保鲜纸发明人

为比赛作准备

仔细阅读参赛规则

比赛不同，规则也不同。参赛之前，你务必仔细阅读参赛规则，了解你的参赛目标和途径。该项目或比赛是否只要求提供创意和创意说明？它还要求提供可

使用的模型吗？它是否要求进行背景调研？是否要求参赛者与社区合作？是否要求创建网站？想一想，你已经具备了哪些技能，你需要在各个项目中使用什么样的技能。比如，以下就是“工艺师/NSTA青少年发明者奖励计划”的参赛规则：

> 二至六年级的学生必须在成人的指导下独立从事发明，可发明一件全新的工具，也可以对现有的工具进行改造，必须将整个发明过程记录在发明人日志上，提供一份工具的设计图，一张学生正在使用工具的照片，以及一张填写完整的申请表。举例来说，工具可用来开门，给足球充气，在雪地上骑滑板车，等等。

由加拿大“创意妇女计划”（Inventive Women）赞助的“世界儿童发明大赛”（Inventive Kids Around the World Contest）则制定了完全不同的参赛规则：

> 来自任何国家的7—12岁儿童均可报名。参赛者需提交创意、发明的图稿或者图片（如果发明已实现）。发明提交的类别如下：增强安全性的发明，改善环境的发明，改善日常生活的发明，有利于保健的发明，或者奇怪却有用的发明！

与此类似的，许多发明比赛或项目都划分了具体的类别，如计算机科学、环境、卫生、安全等。你可以为你的发明选择一个最佳的类别，也可以为某一个类别专门做一项发明。不管怎样，你千万要避免将一个了不起的创意提交到一个错误的类别或者比赛。

把参赛的要求列出来

发明比赛和项目都有不同的参赛要求。有些要求学生同时提交创意和创意说明。许多州级或校级的比赛则要求提交模型、日志和报告。如果是网上的项目，你可能要创建一个网站，而不是制作展板。你务必要清楚所有的参赛要求，把要求都一一列出来，不要因为遗漏疏忽而错失良机。

对比以下两个项目的参赛要求。

艾奥瓦州发明大赛的要求如下：

- 制作展板，包括发明的名字和发明人的信息；
- 陈述创意的内容，介绍发明的用途；
- 提交一份发明的设计图，说明其工作原理以及原创性；
- 提交发明的模型或样机，证明其可使用；
- 提交发明人日志。

另一个月度的比赛——“共建美国学生创意月赛”（Student Ideas for a Better America）则面向幼儿园至八年级、八年级至12年级的学生，要求学生只提交一件新产品的创意（不是模型），或者对现有产品的改进创新。此外没有任何的参赛要求。创意可通过录影/录音、图片、幻灯片或投影的形式提交。

你可以同时参加两个比赛，但你必须为各个比赛准备不同的参赛资料。

了解评判标准

各种发明比赛都要求年轻的发明人关注发明的不同方面或工具。对比以下两个团队项目的评判标准。

ExploraVision发明大赛，由东芝公司和全国科学教师联合会（National Science Teachers Association）赞助，面对从幼儿园至12年级的学生，要求学生对一项现有的技术进行研究，并预见它未来的发展趋势。在该比赛的评判标准中，有关未来技术的信息和网站设计占有较高的比重，而有关现有技术的信息和历史则所占比重较低。各方面所占比重如下：现有技术（15%），历史（10%），未来技术（20%），技术突破（15%），发展趋势（15%），文献（5%），网站图形（20%）。

eCYBERMISSION比赛，由美国陆军赞助的网络比赛，要求学生利用科技来解决一个社区的问题，更注重科学、数学和技术的运用，而不是创新性。各方面所占比重如下：科学、

发明人的话

“尽量保持放松的心态。虽然比赛本身很重要，你可以通过努力获得回报，但享受比赛、放松心情也很重要。”

——希瑟·克雷格（Heather Craig）、汉纳·克雷格（Hanna Craig），2001年度“西门子西屋数学与科技大赛”团队组第二名

艾奥瓦州发明大赛评判标准

发明评判标准			掌握程度				得分
			精通 5	熟练 4	业余 3	起步 2	得分
发明评判标准	新颖度	A. 发明是否涉及新颖的创意？	本发明与现有产品之间存在显著差别。 5	本发明与现有产品之间存在本质差别。 4	本发明与现有产品之间存在部分简单差别。 3	本发明与现有产品非常相似。 2	新颖度 A______ +
		B. 发明是否是新鲜或意想不到的创意？	独特、激动人心的产品创意。 5	非常有趣的产品创意。 4	有吸引力但缺乏新意。 3	传统的产品创意。 2	B______ =
	实用性	C. 发明是否可使用？	清楚、令人信服的证据表明该发明将有效地发挥作用。 5	充足的证据表明该发明将有效地发挥作用。 4	少量的证据表明该发明将有效地发挥作用。 3	几乎没有证据表明该发明将有效地发挥作用。 2	实用性 C______ +
		D. 发明是否能实现所陈述的需求或创意？	该发明与问题/创意之间存在清楚、令人信服的联系。 5	该发明与问题/创意之间存在充足的联系。 4	该发明与问题/创意之间存在少量的联系。 3	该发明与问题/创意之间几乎不存在联系。 2	D______ =
	吸引力	E. 发明是否对目标群体有强烈的趣味性和吸引力？	外观专业，非常适合目标群体。 5	对目标群体有吸引力和实用性。 4	对目标群体中的部分人有实用性。 3	创意也许具有潜在的趣味性和吸引力。 2	吸引力 E______ +
		F. 发明是否制作精良、业已完成？	有清楚、令人信服的证据表明该发明采用了最佳的材料和制作方法。 5	有充足的证据表明该发明采用了适当的材料和制作方法。 4	有少量的证据表明该发明采用了适当的材料和制作方法。 3	几乎没有证据表明该发明采用了适当的材料和制作方法。 2	F______ =
		发明得分小计	______	______	______	______	______

参赛作品评判标准

	掌握程度				
	精通 5	熟练 4	业余 3	起步 2	得分
G. 参赛作品的示意图是否展现得很专业?	非常详细、漂亮的示意图,每个部件都被清楚地标注并解释。 5	漂亮的示意图,所有部件都被标注出来。 4	大部分部件都被标注出来。 3	简单的示意图。 2	发明展现 G______ +
H. (1) 参赛作品的模型是否清楚地体现了创意?	非常详细、全面地体现了创意。 5	全面地体现了创意。 4	充分地体现了创意。 3	简单地体现了创意。 2	H(1)_____ +
或者					或者
H. (2) 参赛作品的样机是否是严格的复制品?	非常详细、全面地复制了发明。 5	全面地复制了发明。 4	充分地复制了发明。 3	简单地复制了发明。 2	H(2)_____ +
I. 发明人的日志是否详尽、完整?	非常详细地记录了发明的过程。 5	包含了发明过程中的重点。 4	简单地陈述了发明的创意和解决方案。 3	部分描述了发明。 2	I______ +
J. 发明人的陈述是否详尽、完整?	对于该发明产生的过程具有很高的知识量和理解度。 5	对于该发明产生的过程具有一定的知识量和理解度。 4	描述了发明产生的创意和解决方案。 3	简单地描述了发明。 2	J______ =
发明得分小计	_____	_____	_____	_____	_____

青少年发明家计划（YIF）评分表格

此处粘贴名称标签

请注意：只有将最高分数留给特别优秀的作品，评分才有意义。
不得将该表格透露给学生。

参赛表格项目：	不符合基本要求		符合所有要求		超出要求
1. 描述产生发明的问题、环境或创意，并说明人们为何需要或如何使用该发明来增加生活的便利性或舒适度。（8分）	1	3	4	6	8
2. 描述发明、发明工作的原理。（3分）提供一张发明的照片。（2分）	1	2	3	4	5
3. 提供完整的发明示意图，标注每个部件以及尺寸。（5分，可采用电脑绘图。）	1	2	3	4	5
4. 列出所有用于发明制作的材料。（2分）	0		1		2
5. 阐述如何进行相似发明的研究工作。列出至少三个经过调查的信息来源，并阐述调查结果。若找到有任何类似的发明，写下发明的名称。（总共10分，要求查找《YIF公报》，计3分）	2	4	6	8	10
6. 阐述该发明为何与众不同或更胜一筹。（10分）如果能阐述清楚这一点，在现有发明的基础上进行变化也是可以接受的。	2	4	6	8	10
7. 解释设计和制作发明的每一个步骤，包含所遇到的问题。（8分）	1	3	4	6	8
8. 描述测试发明有效性的方法。记录测试的次数以及见证人姓名。（8分）	1	3	4	6	8
9. 可选问题项（0分） 此处可做笔记。					
10. 总体印象（10分） 该发明在以下一个或多个方面体现出原创性： (1) 原创性思维 (2) 材料的运用 (3) 发明的功能性 (4) 体现出独特的智慧或幽默感（发明的“个性”）	2	4	6	8	10

团队编号______

总分________

团队组别中排名________

将评分表格按顺序放到团队组别中，最高得分者置于最上面。

推荐意见：

☐ 推荐参加展会

☐ 不推荐参加展会

☐ 可以参加展会

1/2005

数学和技术的运用（40%），创意、创新、原创性（20%），对社区的有益性（20%），团队协作和沟通（20%）。

可根据个人的兴趣和技能，选择最适合的比赛。

发明人的话

“展板应该看起来有趣。我喜欢用荧光笔来写展板，这样就能吸引路过的观众了。”

——查尔斯·约翰逊（Charles Johnson），1996年度“Invent America!学生发明比赛”全国冠军，火车检测仪发明人

确定最后期限

明确报名参赛的最后期限是很重要的。你必须保证自己有足够的时间完成项目。如果你无法按时提交资料，就会错过参赛的机会。

发明人的话

“很多人都十分重视展板的制作。有些参赛的展板还有电脑或电视显示屏，以及特殊的灯光效果。但是跟你的创意相比，展板本身又不是那么重要。不管你的展板多么的豪华或多么的朴素，你真正做了什么研究，都是可以从上面看出来的。”

——卡维塔·舒克拉（Kavita Shukla），2001年入选全美青少年发明家名人堂，葫芦巴保鲜纸发明人

制作展板

许多比赛都要求你展示自己的创意。多数学生会使用一块纸板来制作展板。在纸板上，你可以贴上相关的照片、图表或图形。展板上通常包括发明的名称、对问题的描述、对创意的说明（它为什么是一项发明）、制作模型的实验或步骤（如果有模型），以及发明人的信息。以较大字体来书写这些信息有助于人们阅读。此外，如果比赛允许，可以将标题等重要信息标识为不同的颜色或更大的字体。

一旦你准备好所有要放到展板上的资料，你可以先把资料摆上去，但千万不要固定下来。尝试不同的组合方式，看看怎样排列最协调，注意不要留下太大的空白。向你的父母或朋友征求意见。只有等整个展板看起来很漂亮、很吸引人的时候，你才小心地将资料固定下来。

将你的模型、日志或报告放在展板前面的一张桌子上。请记住，一定不能陈列任何有破坏性或危险性的东西，如动物、危险化学品或其他液体、火苗、细菌或真菌、尖锐物品等。

制作展板的小建议

- 设计并打印简单、清晰的标题。
- 确保你书写的内容能让路过的观众容易看懂。
- 为你的发明过程及成果拍摄漂亮、清楚的照片，或者展示你的测试报告。
- 尽可能合理地安排素材，以收到最佳的视觉效果。

准备好口头陈述

你已经为你的发明准备好书面的介绍，还提供了模型作为展示，但你可以口头介绍它吗？你能用几句话来陈述发明的用途吗？你能向评委解释你的发明及其重要性吗？你能举出一个例子来说明它如何帮助别人吗？或者，你能证明它是新的吗？这些问题都是你在参赛的时候所必须回答的。

当然，你也许会觉得紧张。向别人介绍你的发明是一件很有挑战性的事。你可以在比赛之前就想好如何回答别人，可以对着家人、朋友或者一面镜子练习。陈述时，要用手来指着你的展板。如果你用手来演示或拿教具，这样会缓解你的紧张情绪。也许你能回答很多关于项目的问题，但如何看待那些你无法回答的问题？你该怎么做？首先要放松，要诚实，向提问的人说你不知道答案，但你会想办法找出答案。

发明人的话

“尽量用一种吸引人的方式来开始你的陈述，用一句话或一个问题来获取每个人的关注。在我的项目中，我问了一个问题：‘你们是否知道，每天都有上百万只蚊子被孵化出来，它们会传播世界上最致命的疾病？’”

——彼得·博登（Peter Borden），2003年因研究苦楝油对蚊子的作用而进入“美国探索频道青少年科学家挑战赛”（Discovery Channel Young Scientist Challenge）决赛

营地活动

学生可以在开学期间参加发明的比赛和项目，等到了暑期，很多学生都利用空余时间来参加有关发明、数学或科学的夏令营活动。

“发明夏令营”（Camp Invention）是针对二至六年级的学生开展的为期

一周的营地活动，范围涉及45个州，由Invent Now和美国国家发明家名人堂（National Inventors Hall of Fame）共同组办。“儿童玩具发明夏令营”（Kids Invent Toys!）是针对小学至初中的学生开展的为期一周的营地活动，范围涉及多个州。此外还有许多由其他公司或组织赞助的营地活动来鼓励孩子们提高数学、科学和技术等相关技能和知识，帮助他们成为更好的发明人。

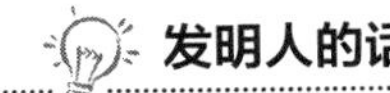

发明人的话

“失败不是坏事。你要多向获奖的人学习，看看你自己还需要做什么改进，怎样才能赢得下次比赛。”

——克里斯托弗·邱（Christopher Cho），1996年入选全美青少年发明家名人堂，自动换页装置发明人

练习

一、了解各种发明比赛

从网络上查看各种比赛项目的资料。哪些是你有条件参加的？哪些获奖的发明真的很酷？想一想你可以为不同的比赛项目提供什么样的创意？

二、为发明展会准备好你的口头陈述

做一次五分钟的陈述。用两分钟来介绍你自己和你的发明。再用两分钟来阐述你制作模型的过程，展示你的创意。最后用一分钟来解释为什么你的创意是一种发明。

第6章 团队协作促发明

每个人都需要团队协作，在团队中分享想法、分担工作。当今世界，绝大多数发明者都隶属于某一个团队。有些国家级的比赛和项目都要求学生组建团队。你可以选择一个或几个朋友来共同合作。你可以组建一个团队，然后邀请一位老师来担任教练或顾问。有时候，整个科学课程班都是以一个团队来运作的。

合作与妥协

团队协作与独立工作是完全不同的体验。团队的成员相互帮助，分工协作，并分享快乐；他们倾听彼此的意见，集体讨论，再商定最终的解决办法；他们是一个向着共同目标努力的团体。伊丽莎白·黑曾（Elizabeth Hazen）和雷切尔·布朗（Rachel Brown）在1948年发明了世界上第一种有效的抗真菌抗生素。她们两人都受雇于纽约州卫生局，在不同的城市工作。尽管相隔遥远，她们仍然坚持团队协作，分享测试的结果，通过邮件来交换样本。最终，她们将近1300万美元的专利收入捐献给了学院的科学研究。

发明人的话

“即使你与团队的其他成员发生分歧，这也无关紧要，因为你们是向着同一个目标努力的。”

——萨拉·弗里德伯格（Sarah Friedberg），获2003年度哥伦布奖团队第一名，获奖项目为“快速分解法：动物死尸无害化堆肥”。

沐浴管家

戴安娜·塞勒（Diana Celle）是一名教师，她的儿子卡伊（Kai）是圣地亚哥霍姆斯小学三年级的学生，他的团队参加了ExploraVision发明大赛。“你不喜欢做什么呢？”戴安娜问她的儿子。“我不喜欢放洗澡水。”他回答说。于是，他和他的队友索菲亚·利策（Sophia Litsey）、梅雷迪斯·斯特默（Meredith Sturmer）开始研究目前有关洗澡的技术，并想象未来的技术。他们必须把所有的想法都展示在网站上。克里·麦克塔格特（Kerry MacTaggert）老师担任了他们的教练，另有一名成年人成为他们的导师，在此二人的帮助下，三位小伙伴对洗澡所涉及的方方面面进行考察。他们到一间经营洗浴用品的商店实地考察，发现除了有柔软浴缸的新发明之外，洗澡这样一件日常的琐事确实没有太多的改进。接着孩子们开始幻想未来洗澡该是什么样的。家里的每一个人都会通过电脑输入自己的洗澡指令，比如洗澡水的温度、深度，是否加入精油或泡泡等。浴室的墙上应该安装一面镜子，这面镜子可以识别需要洗澡的人，然后根据提前输入好的指令来为他准备洗澡水。洗完澡后，安装在浴室墙上的喷头能喷出热气将洗澡的人浑身吹干。这些都还不是全部。你可以登陆网站www.exploravision.org，在“往届获奖选手”（Past Winners）的链接下找到2002年的团队第一名，然后查看有关洗澡的更多新鲜点子。“每个人的点子都让项目更完美，”索菲亚说。

发明人的话

“团队协作让你有了更多的想法，并教会你，不是什么工作都能独立完成的。”

——梅雷迪斯·斯特默，获“2002年度ExploraVision发明大赛”团队第一名，获奖项目为“洗澡管家”。

团队成员间可能会遇到相处不融洽的问题，从而影响项目的进行。事实上，每一位成员都需要融入团队，有团队归属感。每一位成员都应当知道别的成员在做些什么。并且，每一位成员的意见都需要倾听。人们有时会因为缺少机会或害羞而无法表达自己的意见。在这种情况下，较好的策略是将各人的意见写下来，然后把意见汇总，大家集体来一次头脑风暴。团队成员可以轮流监督团队的工作状态，不管是教练、导师，还是学生，都能承担此项任务。监督的目的就是为了确保大家拧成一股绳，劲儿往一处使。

团队成员应当协商好如何解决团队的日常管理问题。大多数团队都有处理这些问题的经验。如果有人喜欢说话，或者指指点点，那就叫他去记笔记。他肯定会一直忙得没有时间说话，同时又完成了不少重要的工作。如果有人喜欢在开会的时候私下聊天，那就请他们来分享他们聊了些什么，若没有什么要紧的话说，就请他们安静听讲。如果有人始终保持沉默或者无所事事，那就请他们提个建议或者承担某项具体的工作。如果有人开会迟到了，那就继续开会，等散会后才告诉他们错过了哪些内容。如果团队无法坚持一个主题，那就把必须完成的事项列成一个表，并确保每一个成员都按照列表来开展工作。如果有人信心动摇了，开始说丧气话，那就讨论一下项目的情况，保证每一位成员都赞同项目的最终目标以及实现过程。让每一个人都关注正确的前进方向，而忽略曾经走过的弯路。如果项目的进度落后，就把工作划分为更小的单位。设置更短、更容易遵守的时间期限。如果有人没有完成自己承诺的任务，问问他们是否需要帮助，或者给他们分派一些不太重要的任务。如果发生争执、争吵，劝说他们要顾全大局，放弃个人之间的分歧；若劝说无效，向老师或者教练求助，请他们从中调解。实在无法调解的，只能要求他们离开团队。

对于几乎所有的团队来说，解决好上述问题都是必要的。任何团队都有一个艰难的凝聚过程。可一旦他们凝聚到一起，许多困难都将迎刃而解。

快速分解法：动物死尸无害化堆肥

卡丽·谢德勒（Carrie Schedler）是俄亥俄州贝克斯利市贝克斯利中学八年级的学生，他与萨拉·弗里德伯格、埃米莉·罗思（Emily Roth）、凯瑟琳·斯库尔奇（Kathryn Scurci）以及科学老师兼教练乔恩·胡德（Jon Hood）共同组成了一个团队。他的心得体会是：“最重要的事情之一就是你必须在很多事情上妥协。如果我们意见不合了，我们心里都清楚，相比这点小小的争吵，我们的项目要重要得多。”

这个团队的任务是解决公路上被碾压致死的动物尸体的处置问题。“很多人都忽视了这个问题，高速公路上堆积的动物尸体越来越多，污染了空气，如果掩埋到地下，还有可能污染到地下水，” 凯瑟琳·斯库尔奇说。当团队针对该问题展开调查时，他们发现俄亥俄州的交通部将动物尸体焚烧了，动物收养所用塑料袋把死去的动物装好送去垃圾填埋场，而养殖的农户则经常把消费不了的1000磅养殖产品直接掩埋掉。

“快速分解法”项目团队

此外，就像许多发明者一样，团队的成员们在研究的过程中发现自己并不孤单，还有其他人在思考相同的问题。他们去参观了俄亥俄州立大学，结识了农业与研发中心的哈罗德·基纳博士（Dr. Harold Keener）及其团队，并通过他们了解到，早在几百年前，人们就发明了一种用木屑来处置动物尸体的方法，这种简单环保的方法叫“动物死尸无害化堆肥”。“这个方法非常有效，但它被束之高阁了，”团队成员埃米莉·罗思说道，“因此我们想尝试一下，希望能引起大家的重视。”在基纳博士的指导下，同学们制作了一些盛有木屑混合物的盒子，然后放了几具动物尸体在里面，再小心地观察尸体分解的过程。“分解的过程很干净，没有臭味，而且速度很快，”凯瑟琳说，“尸体完全被分解了。我们就叫它‘快速分解法：动物死尸无害化堆肥’。”（登陆团队网站查看项目信息：www.bexley.k12.oh.us）

有了试验的依据之后，团队成员便向当地政府、州议员，还有州长罗伯特·塔夫脱（Robert Taft）进行汇报和宣传。媒体也报道了他们的项目。“在他们的努力下，猪和牛的养殖户们开始关注这种堆肥的方法，菲律宾的一个团队对他们的研究也很感兴趣，”乔恩·胡德说。最终，团队获得了2003年度哥伦布奖的第一名，该奖项是全国性的比赛，鼓励中学生为改善社区环境而发明创新。

团队协作很重要吗？“这个项目确实将他们紧密地联系在一起，迫使他们彼此依赖。这样他们才有能力取得了不起的成就，”乔恩·胡德如此评价。

“哥伦布奖”的赛事经理史蒂芬妮·霍尔曼（Stephanie Hallman）介绍说：“世界上很少有工作是你一个人独立完成的。科技创新本身就是一个发现的过程。头脑风暴在其中发挥了非常重要的作用。因此，我们的比赛特意要求孩子们以团队参赛，而非个人。”

小团队

团队的规模不一定要很大。两个好朋友也能组建一个团队，这样两人之间的友情和个人的兴趣爱好都能发挥优势。

阵列助听系统

彼得·亚历山大·李（Peter Alexander Lee）来自加利福尼亚州的卡梅尔，他17岁时，邀请了一位好朋友——18岁的盖布·克拉普曼（Gabe Klapman）来共同完成一个课余的研究项目。后者来自加利福尼亚州的圣克鲁斯。“跟别人合作是很有趣的事情，”彼得说，“你还能分享工作成果。”

他们的研究项目是一款定向接收的助听器，他们把它命名为“阵列助听系统”。这款助听器的功能是将听力受损者前方的声音放大到远远超出周围环境噪音的程度。为什么需要这样的功能呢？这两位听力受损的好朋友解释道，在佩戴助听器的时候，他们遇到的麻烦就是，如果周围环境噪音太大，他们很难听清楚对面的人在说什么。

“我的兴趣在于医学方面，”盖布说，“而彼得的兴趣在于工程学和计算机科学。”

在项目之初，盖布拜访了听力学家以及佩戴助听器的人士。他了解到，大多数助听器的耳机里都安装了一个传声器和一个微型扩音器，两个装置都需要经常调节。因此，彼得和盖布发明了一款不需要经常性调节的助听器。首先，他们在耳机里只安装了扩音器。然后，他们把八个微型传声器安装在一顶帽子的边缘，组成一个“传声器阵列”，再利用数字处理技术来处理声音。通过使用一枚电脑芯片，他们能使部分声音延后，部分声音混合到一起，这样一来，来自前方的声音就能调高七个分贝。声音最后通过无线连接传送到耳机。

盖布·克拉普曼与彼得·亚历山大·李展示他们的“阵列助听系统”模型

他们的研究并没有使用任何先进的实验室。他们每周末在彼得家碰头，要么是在厨房的餐桌上搞设计，要么就跑到院子里，以避开厨房的回音干扰。他们承认，在团队协作中，优势和劣势是并存的。“我们必须向对方汇报情况，这样就损失了一点效率，”两位成员都提到这一点。“不过损失的效率可以在两人合力完成工作的时候补偿回来，”盖布又补充道。

其他人发明的系统都是类似的，只有他们的传声系统是独一无二的。在2001年，彼得和盖布获得“英特尔国际科学与工程学博览会”（Intel International Science & Engineering Fair）的团队第二名，并最终闯入“西门子西屋数学与科技大赛”（Simens Westinghouse Competition in Math, Science & Technology）的决赛。2002年，他们入选全美青少年发明家名人堂。

大团队

大团队可根据各人的技巧、能力、性格及住址来进行分工。

利特尔顿发明团队

新罕布什尔州的利特尔顿镇，在每次遇到暴风雪的袭击之后，都要支付近3000美元的设备、物资及人工费用来清理主干道上的积雪。用于清理积雪的盐，不仅会腐蚀路面，还会污染附近的河道。负责管理高速公路的拉里·杰克逊（Larry Jackson）希望效仿其他社区的做法，将公路旁的人行道进行加热，但似乎镇政府的能力还不足以配备或运行这样一个加热系统。此外，镇政府还计划于2005年翻修主干道。

于是，利特尔顿高中的35名学生及他们的物理兼机器人技术教师比尔·丘奇（Bill Church）参与了进来。丘奇写了一份项目申请书，申请将翻修的资金用于积雪清理系统的研发。利特尔顿高中也被推选为"勒梅尔-麻省理工学院发明团队资助项目"（Lemelson-MIT Invent Team Grants）的首批机构之一，每一家机构都得到了10,000美元的资助。

利特尔顿高中的同学们被分成几个小组，分别负责项目的各个方面，如修建测试用的路基、材料测试、加热系统的机械原理、太阳能/风力/水文因素，以及废热压缩垫等。在社区雇员、学校领导、私人企业主和18位导师的帮助下，他们研发出一个加热防冻的管道系统。

"我很喜欢团队合作的感觉，"团队成员米歇尔·杜塞特（Michelle Doucette）说，"你可以坐下来，得意扬扬地说，'看呐，这主意可是我想出来的！'"

同学们研发出来的系统被安装在学校新建的人行道上，靠学校锅炉产生的废热来加热。另有一组同学还要对这个系统进行考察，最后再由镇政府决定是否将该系统运用于主干道的翻修。"他们经历了失败与成功，他们与那些从事机械作业的工人们一起劳动。他们全身心地投入这一项通力合作、高风险、相互关联又富有意义的工作，受益匪浅，"利特尔顿高中项目的监督员乔治·布罗德（George Brodeur）总结道。（请登录勒梅尔森-麻省理工项目网站www.web.mit.edu/invent/，搜索"InvenTeams"，查看项目具体情况。）

发明人的话

"在团队合作中，你不知要听到多少不同的观点，这让我既喜欢，又讨厌。一个团队里面，这个人也许这么看一件事，可那个人又那么看。因此，事情究竟该怎么办，就产生了很多争议。幸运的是，我们有些看起来是异想天开的东西，结果在妥协的过程中变得可行了。经过妥协，我们每个人的想法都能在项目的最终方案中得到适当的体现。"

——米歇尔·杜塞特，利特尔顿发明团队成员，2003年

发明团队的成功案例

有许多团队大赛都要求团队致力于解决社区的问题。在以下网站中，你可以了解到学生团队的诸多成功案例：

- www.exploravision.com：日本东芝公司赞助的ExploraVision大赛，不限制学生的兴趣、技巧和能力水平，来自美国或加拿大的幼儿园至12年级的学生均可参加。鼓励学生去预测一项未来的技术，并研究该技术的历史和现状。
- www.ecybermission.com：以网络为基础的科学、数学和技术大赛eCYBERMISSION，由美国陆军赞助，邀请六至九年级的学生团队参加。要求学生就社区存在的一个真实问题提交一个解决方案，需使用科学、数学和技术的手段。
- www.christophercolumbsawards.com：哥伦布奖邀请六至八年级的学生团队参加，要求各团队在一名成年教练的指导下，确认一个属于社区性的问题，并通过科学、技术的手段，通过咨询社区领导和专家来找到一个创新性的解决办法。
- www.web.mit.edu/invent/www/inventeam/：一个全国性的勒梅尔森–麻省理工项目，高中学生及教师团队可以向该项目提交申请，阐明他们为学校或社区进行有价值的发明的计划，从而获得该项目的资金支持。
- www.toychallenge.com：由宇航员萨莉·赖德组织各公司、机构来发起的“玩具挑战”大赛，邀请五至八年级的学生团队来发明、设计一种互动式的学习玩具或游戏。

练习

一、围绕社区存在的问题进行头脑风暴

如何为你的社区作出贡献？你可以邀请几个朋友来进行一个小时的头脑风暴并享受其中的乐趣。先分享一些零食，然后开始出主意。想想有什么大大小小的问题在影响你的社区。用半个小时的时间来列举问题，再用剩下的时间来思考解决问题的办法，可能涉及创新的方面。不管多么离谱的点子都是允许的。一个小时的时间内，你也许就有了一个项目的初步想法，或至少有了一个大致的方向。

二、为组建团队作准备

思考下你和你的朋友或同学该如何组建一个团队：

- 如何分工
- 每个人对项目的贡献
- 组建团队的优势
- 如何解决冲突、矛盾

对于团队经常遇到的问题类型和解决问题的建议，可参考本书70-72页。想一想你会如何解决这些问题。

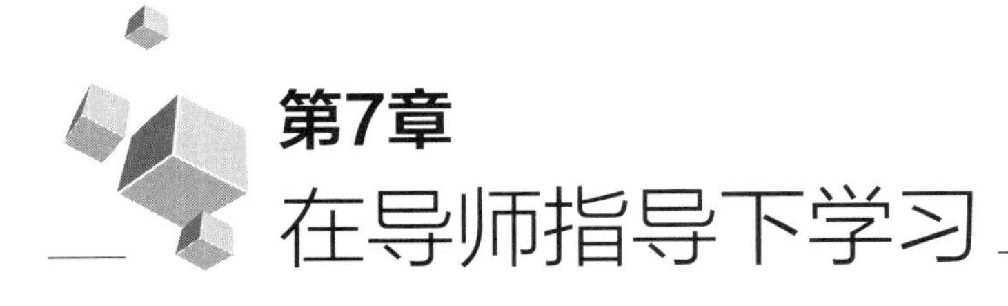

第7章 在导师指导下学习

试想一下，你有一位私人的教师，在你从事发明的时候指导你的学习和工作，在你犯了方向性错误的时候给你提醒；当你失败了，他又知道该如何扭转败局。能够承担类似这些职责的人就称为导师。有许多发明者都在导师的指导下发挥出更大的潜能，取得了更大的成就。

导师的指导作用

导师不分年龄大小。高中生能给初中生充当导师。初中生又能给小学生充当导师。如果有学生的知识面很广，能够跟同龄人分享的话，他也能给同龄人充当导师。此外，教师、家长或亲朋好友都能扮演导师的角色。某些导师是年龄较长的退休人员，他们有很丰富的经验和充足的空闲时间。

寻求导师指导的孩子一般都很好学，而愿意充当导师的人又是乐于助人的，所以指导和被指导的双方都能获益。导师指导的方式可以是当面交流，或者写邮件、打电话。导师指导的时间可以是几个小时、一天、几个星期，甚至几年。

普通的教师要面向一个班的学生授课，而导师一次只需指导一名或几名学生，帮助他们学习某项技能或者完成某个任务。许多家长会亲自为自己的孩子挑选导师。一些学校会为学生寻找合适的导师。社区组织也经常为孩子们安排导师。

多数情况下，发明者会在不同的项目中与不同的导师合作。偶尔有时候，导师和学生合作了一段时间，然后导师无暇来指导学生，或者学生感觉自己没有学到新的知识，或者又有其他的因素导致这样的合作关系破裂，那么，学生可以另找一名导师。

孩子们的发明

美式手语翻译器

科罗拉多州的瑞安·帕特森（Ryan Patterson）四岁时同父母一起去了迪士尼乐园。他连着玩了“小小世界”三次之后，还请求父母带他再上去玩一次。他们于是又上去了，他的母亲谢里·帕特森对他的父亲兰迪·帕特森说，“他就是喜欢这些玩偶，太着迷了。” 这一次，帕特森夫人注意观察了她的儿子。瑞安始终抬着头看上方，而他妹妹却一直盯着玩偶。“他在看那些线路，”帕特森夫人说。在家的时候，瑞安喜欢把各种电器拆开，然后又把它们组装起来。他热衷于电学方面的知识。他六岁时最钟爱的玩具是一截延长电线。到了二年级，他给一副拖把接上了线路，让拖把自己旋转起来。“他讨厌拖地，”他的母亲说，“拖地是他负责的家务活之一。”

瑞安总是在问问题，先是问他的父母，然后问他的老师。当他读到三年级的时候，由于他的问题实在太多了，他的老师就建议他找一位导师。于是瑞安的母亲拨通了约翰·麦康奈尔（John McConnell）的电话。约翰是一位退休的物理学家，在电子学方面有很深厚的造诣，曾经在洛斯阿拉莫斯国家实验室工作过。他听说有这么一个小男孩需要他指导，很是意外。他同意和瑞安谈一谈，结果被这个小男孩的好奇心和专注力深深打动了。他们约好每周六见一次，刚开始只相处一个小时，后来就是一整天了。在接下来的九年中，他们坚持了每周六见面的习惯。

“麦康奈尔先生和夫人的家里有一个工作间，可以供我研究各个电子项目，”瑞安说道。他确实也研究出了一些成果。他在四年级的时候参加一个装饰情人节信箱的比赛，自创了一个形似风车的电子信箱，其中还有一枚语音芯片。麦康奈尔先生认为，那时的瑞安已经学到了足够的电子学方面的知识。你把一个信封投进风车，收信的瓦伦丁人偶就会由一个微型开关启动，接着灯光也亮起来，风车的扇叶转动起来，你能听见瑞安的录音说：“谢谢你，情人节快乐！”

“我真正第一次的发明是在七年级的时候，”瑞安回顾说。他的母亲从新闻报道中听说了电线所产生的电磁辐射，担心他房间里连接各种电器的电线会对他不利。他于是测量了电线的电磁辐射和不同方位的影响，结果证明那些电线都是安全的。后来他发明了一款设备来探测建筑墙体中的交流电线。“现在市场上已经有这样的设备了，但当时是没有的，所以我得了一个发明奖，”瑞安说。

约翰·麦康奈尔为瑞安的探索充当了向导。他提供信息，并解答他的问题，半导体、集成电路、模拟和数字的电路系统，等等。

“他通常都很专注，”麦康奈尔评价道。上10年级的时候，瑞安研发了一台高速、低成本的搜索机器人；它可以实现远程控制，代替人类前往危险的区域进行搜索。机器人拥有头部感应器、声呐装置，以及带夜视功能的摄像头，在黑暗的环境下也能作业。最终，这台机器人为瑞安赢得了“英特尔国际科学与工程博览会”的最佳工程类奖项。

17岁的瑞安又发明了“美式手语手势拼写翻译器”。这是一只带有传感器的高尔夫手套，能将美式手语翻译成字母，显示在一块小屏幕上。之所以发明它，是因为瑞安在“汉堡王”快餐厅看到几个聋哑少年需要朋友来帮他们点餐。他觉得青少年应该更加独立。

他在一只高尔夫手套上安装了十个传感器、一块带有微控制器的小型电路板、一个模数转换器，以及一个无线电发射器。当他的一只手戴上手套并做出手势时，传感器就能读出手势，通过无线电将手势的信号传递出去，并翻译成字母，显示在他另一只手上拿着的屏幕上。《时代周刊》杂志将这款“美式手语翻译器”列为2002年度“最酷发明”之一。

瑞安承认，导师对他产生了深刻的影响。他总结说：“要是没有麦康奈尔先生给我灌输知识，我不可能发明这款翻译器。在我的人生中，导师的影响无可比拟。”这款手套翻译器为他赢得了诸多奖项，包括2001年度“英特尔国际科学与工程博览会”工程类的第一名、英特尔青年科学家奖（有14000名学生参与角逐的最高奖项）、西博格奖（同时受邀参加斯德哥尔摩的诺贝尔奖颁奖典礼），以及2001年度“西门子西屋数学与科技大赛”的第一名（包含高达10万美元的大学奖学金）。2002年，瑞安还获得通常有小诺贝尔奖之称的英特尔科学人才探索奖。当帕特森夫人被问及她的儿子将来有何打算的时候，她的回答是：“我觉得他应该会发明更多的东西来帮助别人。他向来都是这么做的。”

校园导师计划

许多学校和校区都很重视导师的作用。约翰·麦康奈尔在指导瑞安的同时还指导了别的孩子。他经常到瑞安学校的校区来开展科学讲座。后来，他利用校区提供的近500平方米的工作间组建西科罗拉多数学及科学中心（Western Colorado Math and Science Center），并一直担任中心的负责人。这家学习中心面向公众开放，有160多个互动的展示项目。“让孩子们都来玩这些互动项目，也是对他们的一种群体性指导，”麦康奈尔说道。你可以登录网站www.sithok.org，访问这个中心。

俄亥俄州谢克海茨的哈撒韦·布朗高中有一句座右铭：“为自己而学，不为学校而学。”该校的“校园科研计划”也秉承了同样的理想和追求。前科研工作者帕特里夏·亨特（Patricia Hunt）目前是哈撒韦·布朗高中“校园科研计划”的负责人。她在1998年与校长威廉·克赖斯特（William Christ）共同设计并制订了这个旨在利用课余时间和暑期进行科研的计划。高中生在开始计划之前要先同亨特谈他们的个人兴趣和爱好。然后亨特为他们选择各个领域的导师，其中有科学家、医学研究员，还有许多来自周边机构的专业人士，包括克利夫兰医学中心（Cleveland Clinic Foundation）、市立大学医院（University Hospitals）、凯斯西储大学（Case Western Reserve University, CWRU）、凯斯西储大学医学院、克利夫兰自然历史博物馆、克利夫兰艺术博物馆，以及国家航空和航天局格伦研究中心（NASA Glenn Research Center）。尽管同学们一开始只是做一些日常的工作，可到了后来，几乎所有人都会在导师的帮助下完成自己的科研项目。

孩子们的发明

氯感应器

哈撒韦·布朗高中的邦尼·居里（Bonnie Gurry）在高中的四年中一直受到凯斯西储大学电子设计中心的刘炯权博士（Dr. Chung Chiun Liu）的指导。“刘博士给我提供了一个机会，让我发明一款属于我自己的感应器，但我必须决定感应器的用途，”邦尼说，“我想到学校的游泳队因为泳池的氯含量过高而取消了训练，我就决定发明一款用于检测水池中氯含量的感应器。在发明的过程中，我学到了很多，尤其懂得了成功不是一朝一夕的事。我现在知道一个项目可以分几个步骤来完成。虽然我还在读高中，但我已经体验到职业生涯的滋味了。”2004年，邦尼、刘博士和其他参与项目的人获得了这款氯感应器的专利。

每年都有上百名学生参与哈撒韦·布朗高中的“校园科研计划”。学生的发明成果被近百种科学刊物引用，申请了两项发明专利。有两名学生获得专利。该计划的延伸项目——“外展学生科研计划”——自1999年起为克利夫兰公立学校的少数族裔学生在相同的机构中物色导师。参与计划的学生还可以领取津贴。经过数年的运作之后，“外展学生科研计划”受到凯斯西储医学院的关注，其规模在医学院与哈撒韦·布朗高中的合资运营之下不断扩大。现在有更多的学生受益于该计划，许多城市也开展了类似的计划。

“我心目中的导师是一个愿意付出时间并希望我获得成功的人。我就有一位导师。尽管我想学习电子方面的知识，而我的导师是位物理学家，但他的知识面比我广，他知道从哪里能找到其他方面的信息。同学们应牢记，只有一个人可能来到你的身边并主动担任你的导师。”

——瑞安·帕特森，美式手语翻译器发明人。2001年度获得“英特尔国际科学与工程博览会”工程类的第一名，获得2002年度英特尔科学人才探索奖，获得2002年度西博格奖（同时受邀参加斯德哥尔摩的诺贝尔奖颁奖典礼）

来自商业领域的导师

有时候，学生及其家长会从商业领域寻找导师。学生不仅能学到发明的技巧，还能学到商业知识。他们可以学会使用各种机械或软件等技巧，也可以了解到自己的发明能否取得商业上的成功，如何变成商店里出售的商品。导师的作用就是帮助小发明家们探索这些可能。

冰面爬行机器人

“她们过来找我的时候，真是既聪明又主动，干劲儿十足。她们唯一缺少的是场地——一间电子实验室和一个机械车间，这些我们公司都有，”易美逊（Envision Product Design）机器人技术公司的总裁约翰·珀斯利（John Pursley）如是说。他为来自阿拉斯加的双胞胎姐妹希瑟·克雷格（Heather Craig）、汉纳·克雷格（Hanna Craig）担任导师，时间为她们在伊斯特高中（East High School）读高二、高三的两年。

是两姐妹的父母希望她们得到一位导师的指导。“她们进入高中以后，我们觉得学校提供的导师项目是帮助她们拓展兴趣的最佳途径，”她们的母亲卡萝尔·赫尔特（Carol Hult）解释道。她们的父亲保罗·克雷格便联系了珀斯利。

希瑟和汉纳在童年时期已经参加过很多科技展览，“我们的目标很清楚，我们要发明一些跟阿拉斯加有关联的东西。”

“每个人都有想法，”珀斯利说，“但你要针对这些想法问一系列的问题，才能决定是否投入时间和资源。我希望她们能体会这个过程。”她们最初的想法之一是发明一种雪崩救援工具。“我提醒她们，市场上已经有不少雪崩救援的工具了，”他说，“我觉得我有责任帮助她们了解市场，看到市场的空白区域。”经过三个月的头脑风暴之后，这对双胞胎姐妹终于想到了设计冰面救援设备的主意。

试想下这样的情况吧。两个好朋友在结冰的池塘上行走。冰面裂开了，一个掉进了冰水里，另一个去救他的，也跟着掉了进去。救援队赶了过来，同样掉进冰水里。池塘的冰面又承受不起汽车或其他的救援工具。该怎么办呢？这真是一个性命攸关的问题。珀斯利先生也向她们证实了，还没有什么产品是用来解决这类问题的。在接下来的18个月里，希瑟和汉纳每周在易美逊公司都花六个小时。她们先用三个小时来帮公司做事，从扫地到焊接线路，再到搭建线缆，几乎什么都做。剩下的三个小时则是她们的科研时间。

她们最终研发出一台冰面爬行机器人的样机。机器人长4英尺，能在人类或动物无法行动的冰面上爬行，并翻越岩石等障碍物。机器人质量很轻，可折叠，便于救援人员携带。机器人的身上系有一条绳缆，绳缆内部的线路使机器人和控制面板连接起来，这样希瑟和安纳便能远程控制机器人的方向及电源开关。在救援过程中，机器人可以抵达受困人员的附近，让受困人员抓住绳缆，然后被绳缆拖拽至安全地带。样机的绳缆长度为30英尺，足以让救援人员从一个较安全的距离实施援救。此外，希瑟和安纳还在机器人的正前方安装了一个摄像头，这样她们就能看清它前行的方向。机器人的供电系统是两部12V驱动电动机，实际上就是她们从垃圾场捡回来的汽车车窗电动机。废旧的自行车链条齿轮也被用来拉动和固定轨道。总的说来，样机的研发成本不超过500美元。

"样机需要经过很长时间的改进才能正常运转，"希瑟说道，"我们每次加入一点或者完成什么东西的时候，就要测试样机。但基本是不起作用的。必须不断地

导师资源网站

以下网站能提供导师资源信息，部分网站能帮助你找到合适的人选。

• www.sciencebuddies.com："科学小子"（Science Buddies）是个在线项目，由一家非营利性组织专门为青少年寻找导师和顾问以提高其科学技能。你可以在"咨询专家"（Ask an Expert）的电子公告栏里面提问题，也可以体验一对一的在线导师服务，只是该服务名额有限。

• www.mentors.ca：这是一个加拿大的网站，可查询导师服务"黄页"，为寻找适合的导师人选提供建议。

• www.mentoring.org："全美导师合作项目"（MENTOR/National Mentoring Partnership）于1990年由金融家、慈善家杰夫·布瓦西（Geoff Boisi）和雷·钱伯斯（Ray Chambers）共同组建，旨在为美国的青少年寻找到称职的成年导师。其网站服务范围覆盖20多个州。

• www.amazing-kids.org/mentors.html：该网站的"神奇小孩—神奇导师"（Amazing Kids!—Amazing Mentors!）板块汇集了所有导师以及希望指导学生的准导师资源及联系方式。"神奇小孩—神奇导师"的延伸项目与多家学校、企业及社区紧密合作，通过"神奇小孩"中心在各社区中开展、协调导师工作。

• www.acementor.org："ACE导师项目"的服务对象是有志于从事建筑、建造或工程行业的高中学生。导师都是来自设计和建造企业的专业人士，他们愿意付出时间和精力来定期指导学生，帮助他们熟悉这三个专业。

去优化，不断地重新设计和更换材料才行。”

“没有约翰的帮助，我们是不可能完成这整个项目的，”希瑟和汉纳都如此感叹道，“他提供了非常宝贵的资源。”两姐妹最终赢得了2001年度“西门子西屋数学与科技大赛”团队组的第二名，获赠50000美元的大学奖学金。2005年1月4日，她们的冰面爬行机器人被授予第6837318B1号专利。

在寻找导师的时候，你可以和你的老师、父母、图书管理员或亲戚谈一谈，让他们知道你需要一个什么样的导师。联系本地的企业、俱乐部或者如商会一类的组织，看看它们能否提供导师。当然，你还可以尝试从网络上获取资源。

发明人的话

“说到导师的重要性，那就是他们在某些情况下比我们懂得更多，理解得更透彻，我们只有依赖他们的这种优势才能成功。如果我们偏离了正确的方向，或者根本就走错了方向，他们也会帮助我们。”

—— 哈里斯·索科洛夫（Harris Sokoloff），2001年因“抬起头来”项目入选全美青少年发明家名人堂

练习

一、你希望从导师的身上学到什么？

问问你自己，如果有导师愿意指导你的发明，你希望从他的身上学到什么？你想学习使用什么工具？你是否需要了解如何做实验？以下列举部分你可能与导师探讨的话题：木工活、电子学、火箭技术、缝纫、建造、计算机技能、工程学。

二、询问导师几个问题

对于候选导师，你可以列出一个问题清单，比如：

1. 你为什么决定要做导师？
2. 你有哪方面的知识可以同孩子们分享？
3. 你能花多少时间来指导学生？
4. 你如何安排和学生在一起的时间？工作的地点在哪儿？
5. 你希望我们的合作能带来什么成果？

第8章 注册专利

当你完成一项发明之后，你可以选择申请专利。专利能准确地描述发明的制作过程和工作原理。如果你被授予了专利，你就拥有了这项发明。在专利有效期内，你是唯一有权制作、销售或使用发明的人。美国的专利有效期为20年。美国专利商标局（United States Patent and Trademark Office）对发明的定义是新的、有用的和非显而易见的——并非人人都能想到的东西。许多早期获得专利的发明，虽然它们现在已经成为我们日常生活中不可或缺的部分，但在发明者最初发明它们的时候是受到专利保护的。

- 亚历山大·格雷厄姆·贝尔（Alexander Graham Bell）发明的电话在1876年获得第174465号专利；
- 玛丽·安德森（Mary Anderson）发明的窗户清洁设备（风挡刮水器）在1903年获得第743891号专利；
- 珀西·斯宾塞（Percy L. Spencer）发明的高效磁控管（微波炉）在1946年获得第2408235号专利。

如何让发明成为专利

政府向发明者授予专利。世界上许多国家，如加拿大、英国、法国、德国和日本，都有专利系统。1790年4月10日，乔治·华盛顿总统签署了一项为现代美国专利系统奠定基础的法案。此后的两百多年间，美国政府授予了近700万项专利，平均每周都授予超过3000项的专利。每项专利都有一个编码，你可以将编码印刷在普通的商品上，如玩具、工具等，或者印刷在商品的包装上。

专利能防止其他人制作、销售或使用专利所有人的发明。政府通过专利保护来帮助发明人抢占先机。发明人可以利用其发明创办企业，也可以将发明出售或授权给某企业进行商品的制作和销售。专利有效期结束之后，发明人之外的其他人便可以制作或使用发明了。

专利申请花费不低。在不聘请律师的情况下，申请一项专利至少需要4000美元。申请的专利不同，费用也不尽相同，或高或低。虽然申请专利的费用不少，但专利本身对发明者还是很有价值的。可以说，一项专利就是一笔财富。它可以用于创办企业，也可以转售他人。

当你有了一个发明的想法之后，你愿意投入多少时间去实现它都没有关系。可一旦你开始出售你的发明，或公之于众，包括你在某个科技或发明博览会上展示你的发明，你就必须在一年之内申请专利；否则，你将失去对发明的所有权。

发明人的话

“不要被专利的申请过程吓倒。如果你想去申请，就不必管别人怎么说。不要让那些人影响你的前程。”

——阿克希尔·拉斯托吉（Akhil Rastogi），E-Z Gallon的专利所有人

专利搜索

申请专利该从哪里入手呢？首先要做一些相关的调研，证明你的想法是前人没有的，是真正的发明。你可以阅览杂志、商品目录或登录网站来了解情况。你也可以向商店的老板咨询，看是否已经有同类的产品在销售。当然，你还有另一条途径：进行专利搜索。

位于弗吉尼亚州亚力山德里亚的美国专利商标局保存了2900万件专利的档案，装档案的箱子排列起来有32公里长。不过别担心，你不必把所有的档案都查阅一遍，甚至都不用跑到弗吉尼亚去。全美有86家专利和商标档案馆，随便哪一家都能为你提供查询服务（登录www.uspto.gov，查找临近的档案馆）。你也可

以在上述网站上在线搜索。自1976年以后授予的专利都能在网站上通过查询专利号、专利所有人或专利类别来搜索。在1976年以前授予的专利则只能通过查询专利号或分类号来搜索。

登录以下网站了解更多有关专利搜索的详情：

- www.about.com　该网站提供了大量有关发明的信息，包括一个“青少年发明者专利搜索”（Patent Searching for Young Inventors）的专区。登录该网站后，在搜索框内输入“青少年发明者”（young inventors），在搜索结果中点击“青少年发明者专利搜索”的链接。

- www.uspto.gov/go/kids　该网站系美国专利商标局网站的少儿专区，为少儿提供了许多有关专利申请的建议。登录该网站后，可在6—12岁儿童专区点击专利搜索的链接。

发明人的话

“获得专利是一个长期且复杂的过程，向律师或者其他专业人员寻求帮助是一个不错的办法。但你必须自己先做一些调研，看看有哪些事情是你自己能轻松完成的，而不需要花钱请别人来做了。”

——奥斯汀·梅吉特（Austin Meggit），1999年入选全美青少年发明家名人堂，因发明手套棒球架而获得专利，现在市场上已有该专利产品出售

在线搜索专利不仅免费，而且趣味无穷。你也许能从搜索结果中发现自己的想法是非常独特、新颖的。但搜索的过程并不一定轻松。如果你不知道如何去处理、辨别，那这项工作就会困难重重。比如，你可能会发现一些和你的想法类似的专利，但究竟有多么的类似，是否妨碍了你去申请专利，你却无法判断。要对专利进行评估，这可是很伤脑筋的。许多人聘请了律师或专利代理人来帮忙解决问题。当然，你可以把你已经获取到的信息提供给这些人，以便节省专利搜索的时间和费用。

如何进行专利搜索

登陆美国专利商标局的官方网站（www.uspto.gov）。在网站首页，通过查询专利号、专利所有人或关键词来搜索专利。

查询专利号

专利号一般都印刷在普通的产品表面（如玩具或工具）、产品包装或者产品说明书上。你可以试着找一下，比如第5865438号专利。

查询步骤：

1. 在首页的左侧找到“专利”（Patents）一栏，点击“搜索”（Search）。
2. 新的网页打开。在“已注册专利”（Issued Patents）一栏，点击“专利号搜索”（Patent Number Search）。
3. 在“查询”（Query）的空白栏内，输入专利号“5865438”（或者任何其他的数字），点击“搜索”。
4. 显示查询结果。查看专利项，点击图片查看专利附图（如果显示的专利项较多，可先阅读专利描述，再点击你想查看的专利项）。

查询专利所有人

只有自1976年以来授予的专利，你才能通过查询专利所有人的方法来搜索专利。从本书中挑选几个青少年发明者，输入他们的名字，查看他们的专利。

查询步骤：

1. 在首页的左侧找到“专利”一栏，点击“搜索”。
2. 新的网页打开。在“已注册专利”一栏，点击“快速搜索”（Quick Search）。
3. 在“条件1”（Term 1）的空白栏内，输入专利所有人的名字，点击“搜索”。
4. 显示查询结果。查看专利项，点击图片查看专利附图（如果显示的专利项较多，可先阅读专利描述，再点击你想查看的专利项）。

查询关键词

要想确认是否有专利跟你的想法类似，最好的办法是通过查询关键词来搜索专利。你可以输入一个或多个关键词。比如，你可以输入“滑板”（skateboards）、“人偶”（action figures）或“自行车”（bicycles）。所有相关的专利都会显示出来。

查询步骤：

1. 在首页的左侧找到“专利”一栏，点击“搜索”。新的网页打开。
2. 在“已注册专利”一栏，点击“快速搜索”。
3. 在“条件1”的空白栏内，输入关键词，点击“搜索”。
4. 查看专利号和标题。是否有与你的想法类似的专利？如果有，点击该专利的专利号或标题。
5. 若找到一个与你的想法相似的专利，查看一下专利内容当中的“参考引用”（References Cited）部分。这部分包含一系列相似或相关的专利。通过查询专利号来搜索这些专利（若专利授予时间在1976年之前），或者直接点击左方的专利号（若专利授予时间在1976年之后）来查看相似专利的具体信息。

专利类型

有三种类型的专利：实用专利、植物专利和设计专利。大多数专利都是实用专利。获得实用专利的可以是带有活动部件的机械装置、不带有活动部件的物品，或者工艺流程。实用专利的有效期为20年，自发明人申请专利之日起开始。以下是一项不带有活动部件的实用发明专利。

孩子们的发明

蜡笔夹

卡茜迪·戈尔茨坦（Cassidy Goldstein）因发明了一款蜡笔夹而获得了第6402407号实用发明专利。有了这款蜡笔夹，你就可以轻松拿起蜡笔画画了。卡茜迪说："我从来不乱扔东西，总觉得有些东西留着会有什么意想不到的用处。"在纽约州斯卡斯代尔中学读书期间，卡茜迪找到了一个带有塑料盖子的塑料管，就把这小东西收了起来。后来，她把一支蜡笔插进塑料盖子里，这下可神了！一个蜡笔夹诞生了！发明的过程不费吹灰之力，但申请专利和制造产品的过程却持续了整整六年。"看到自己的发明成了商店里的商品，这感觉真是太棒了！"卡茜迪说。

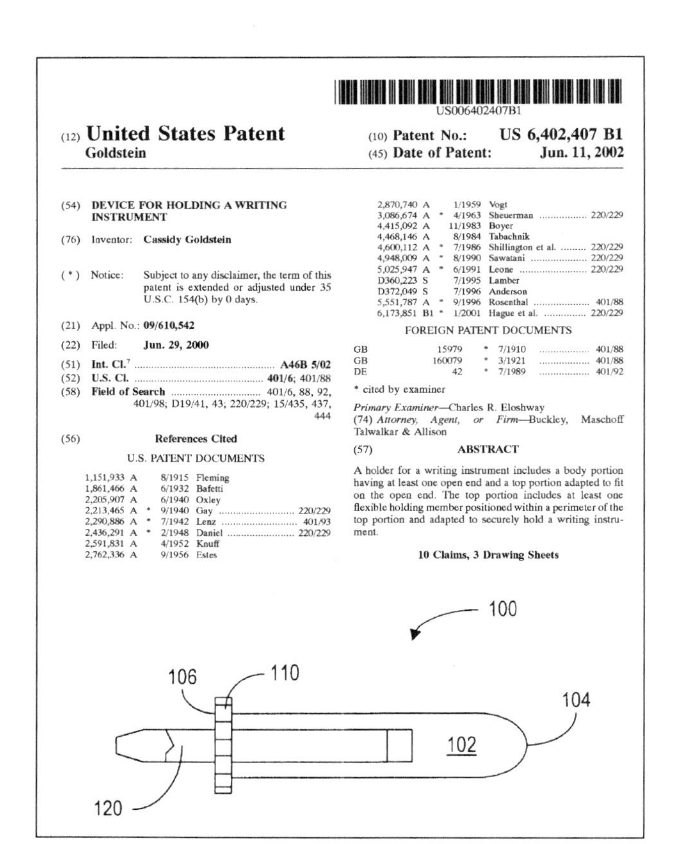

US006402407B1

(12) **United States Patent**
Goldstein

(10) **Patent No.: US 6,402,407 B1**
(45) **Date of Patent: Jun. 11, 2002**

(54) **DEVICE FOR HOLDING A WRITING INSTRUMENT**

(76) Inventor: **Cassidy Goldstein**

(*) Notice: Subject to any disclaimer, the term of this patent is extended or adjusted under 35 U.S.C. 154(b) by 0 days.

(21) Appl. No.: **09/610,542**

(22) Filed: **Jun. 29, 2000**

(51) **Int. Cl.**[7] **A46B 5/02**
(52) **U.S. Cl.** **401/6**; 401/88
(58) **Field of Search** 401/6, 88, 92, 401/98; D19/41, 43; 220/229; 15/435, 437, 444

(56) **References Cited**

U.S. PATENT DOCUMENTS

1,151,933	A		8/1915	Fleming	
1,861,466	A		6/1932	Bafetti	
2,205,907	A		6/1940	Oxley	
2,213,465	A	*	9/1940	Gay	220/229
2,290,886	A	*	7/1942	Lenz	401/93
2,436,291	A	*	2/1948	Daniel	220/229
2,591,831	A		4/1952	Knuff	
2,762,336	A		9/1956	Estes	
2,870,740	A		1/1959	Vogt	
3,086,674	A	*	4/1963	Sheuerman	220/229
4,415,092	A		11/1983	Boyer	
4,468,146	A		8/1984	Tabachnik	
4,600,112	A	*	7/1986	Shillington et al.	220/229
4,948,009	A	*	8/1990	Sawatani	220/229
5,025,947	A	*	6/1991	Leone	220/229
D360,223	S		7/1995	Lamber	
D372,049	S		7/1996	Anderson	
5,551,787	A	*	9/1996	Rosenthal	401/88
6,173,851	B1	*	1/2001	Hague et al.	220/229

FOREIGN PATENT DOCUMENTS

GB	15979	*	7/1910	401/88
GB	160079	*	3/1921	401/88
DE	42	*	7/1989	401/92

* cited by examiner

Primary Examiner—Charles R. Eloshway
(74) *Attorney, Agent, or Firm*—Buckley, Maschoff Talwalkar & Allison

(57) **ABSTRACT**

A holder for a writing instrument includes a body portion having at least one open end and a top portion adapted to fit on the open end. The top portion includes at least one flexible holding member positioned within a perimeter of the top portion and adapted to securely hold a writing instrument.

10 Claims, 3 Drawing Sheets

卡茜迪·戈尔茨坦的蜡笔夹专利

这项滑板运动发明团队收到了如下活动部件的发明专利：滑板减震装置。

孩子们的发明

滑板减震器

一个爱玩滑板的少年因发明了滑板减震器而获得了一项带有活动部件的机械装置的发明专利。这个少年就是来自加利福尼亚州卡米诺的奥利·安德森（Ole Andersen），当时他刚满十岁。“有一次，我在楼梯上做了一个小豚跳，结果脚没站稳，从滑板上摔下来，伤了三根肌腱，”奥利说。奥利平时就是个爱动手动脑的孩子，在养伤期间，他钻进父亲的车库工作间，研

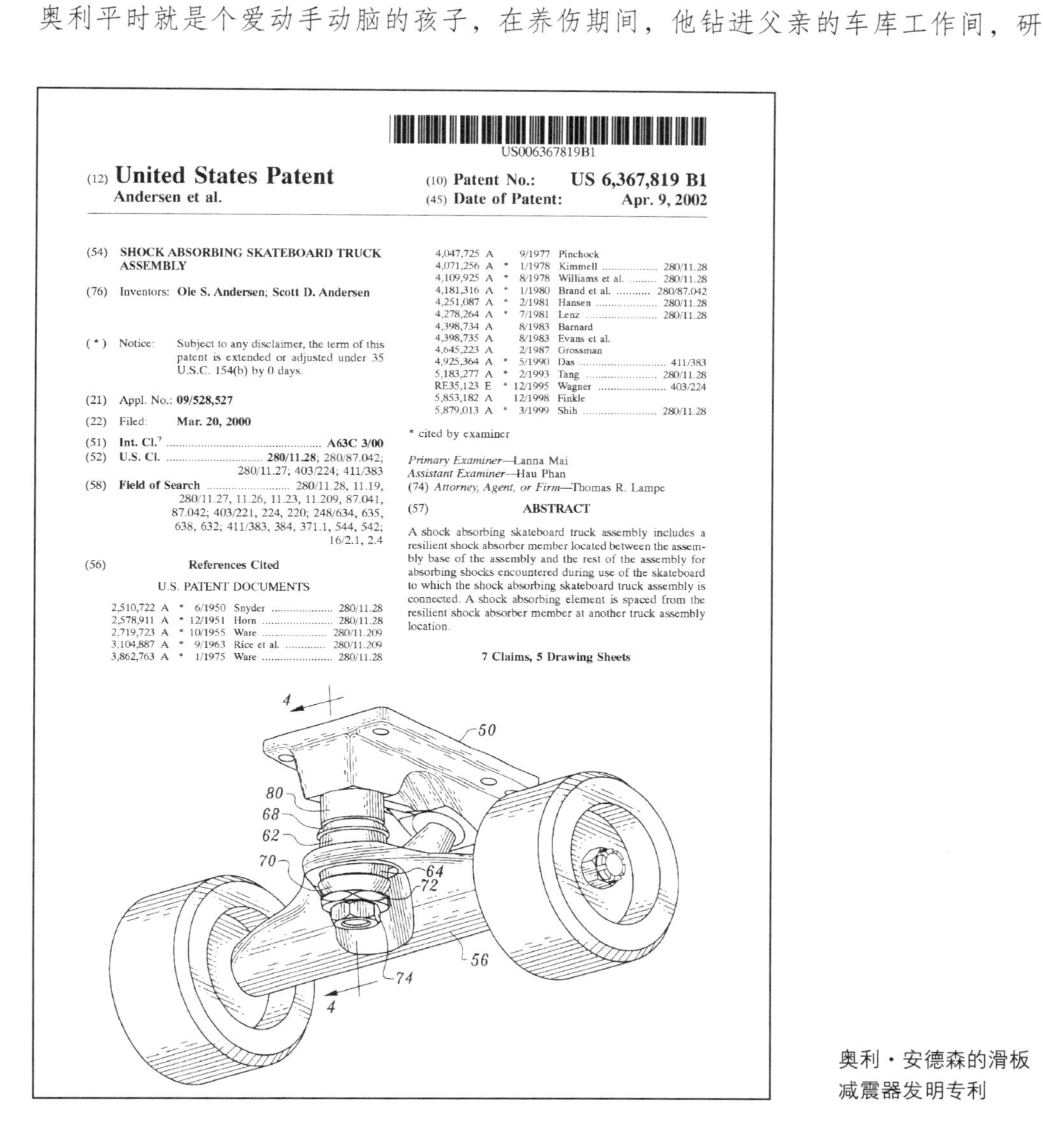

US006367819B1

(12) **United States Patent**
Andersen et al.

(10) **Patent No.: US 6,367,819 B1**
(45) **Date of Patent: Apr. 9, 2002**

(54) **SHOCK ABSORBING SKATEBOARD TRUCK ASSEMBLY**

(76) Inventors: **Ole S. Andersen; Scott D. Andersen**

(*) Notice: Subject to any disclaimer, the term of this patent is extended or adjusted under 35 U.S.C. 154(b) by 0 days.

(21) Appl. No.: **09/528,527**

(22) Filed: **Mar. 20, 2000**

(51) **Int. Cl.**[7] **A63C 3/00**
(52) **U.S. Cl.** **280/11.28**; 280/87.042; 280/11.27; 403/224; 411/383
(58) **Field of Search** 280/11.28, 11.19, 280/11.27, 11.26, 11.23, 11.209, 87.041, 87.042; 403/221, 224, 220; 248/634, 635, 638, 632; 411/383, 384, 371.1, 544, 542; 16/2.1, 2.4

(56) **References Cited**

U.S. PATENT DOCUMENTS

2,510,722	A	*	6/1950	Snyder	280/11.28
2,578,911	A	*	12/1951	Horn	280/11.28
2,719,723	A	*	10/1955	Ware	280/11.209
3,104,887	A	*	9/1963	Rice et al.	280/11.209
3,862,763	A	*	1/1975	Ware	280/11.28
4,047,725	A		9/1977	Pinchock	
4,071,256	A	*	1/1978	Kimmell	280/11.28
4,109,925	A	*	8/1978	Williams et al.	280/11.28
4,181,316	A	*	1/1980	Brand et al.	280/87.042
4,251,087	A	*	2/1981	Hansen	280/11.28
4,278,264	A	*	7/1981	Lenz	280/11.28
4,398,734	A		8/1983	Barnard	
4,398,735	A		8/1983	Evans et al.	
4,645,223	A		2/1987	Grossman	
4,925,364	A	*	5/1990	Das	411/383
5,183,277	A	*	2/1993	Tang	280/11.28
RE35,123	E	*	12/1995	Wagner	403/224
5,853,182	A		12/1998	Finkle	
5,879,013	A	*	3/1999	Shih	280/11.28

* cited by examiner

Primary Examiner—Lanna Mai
Assistant Examiner—Hau Phan
(74) *Attorney, Agent, or Firm*—Thomas R. Lampe

(57) **ABSTRACT**

A shock absorbing skateboard truck assembly includes a resilient shock absorber member located between the assembly base of the assembly and the rest of the assembly for absorbing shocks encountered during use of the skateboard to which the shock absorbing skateboard truck assembly is connected. A shock absorbing element is spaced from the resilient shock absorber member at another truck assembly location.

7 Claims, 5 Drawing Sheets

奥利·安德森的滑板减震器发明专利

究如何将弹簧安装在滑板的轮架上。父母询问他是怎么回事，他回答说："如果我的滑板轮架上有减震器，我就不会摔伤了。"奥利的父亲斯科特·安德森（Scott Andersen）认为这是个好主意，他说："玩滑板的人如果在人行道上连续滑行几个小时就会感觉膝盖酸疼，因为震得太厉害了。"因此，奥利的父亲决定帮助他实现想法。奥利最终设计出一个悬架装置来给滑板减震，并获得第6474666号发明专利，专利的名称为"滑板轮架减震器"。此后人们将奥利的发明应用于商品，让玩滑板的人能更加轻松地滑行。更多详情，可登录网站www.oshock.com了解。

植物专利是针对新的植物品种而授予的，如苹果、雏菊、草莓、梅子、天竺葵、玫瑰花等等。专利有效期为20年。

设计专利是针对新的设计而授予的，有效期为14年。任何新的设计，比如一个外观像飞船的钟，都可以申请设计专利，但专利所保护的仅仅是设计而已，比如钟的外观，而不是钟的工作原理。设计专利的授予对象可以是桌椅、汽车、服装，甚至是牛奶喷嘴。

孩子们的发明

简易牛奶喷嘴

阿克希尔·拉斯托吉（Akhil Rastogi）是弗吉尼亚州费尔法克斯的一个小男孩，他的母亲迪帕·阿加瓦尔（Deepa Aggarwal）因为手部神经损伤而行动不便，需要他来帮忙照顾刚出生的小婴儿。阿克希尔遇到的一个麻烦是他经常在倒牛奶的时候把牛奶洒得到处都是。"每次只要牛奶壶是满的，我就会把牛奶倒洒，"克希尔说。他的母亲教他要两只手握住牛奶壶，要把牛奶壶举高一点，但都没有用。

于是阿克希尔用橡皮泥捏了一个喷嘴安装在牛奶壶上面。这样一来，他只要把牛奶壶倾斜，牛奶就乖乖地从喷嘴流到杯子里去了。他还为喷嘴起了一个名字"E-Z Gallon"。这个小小的发明不仅帮助了他的母亲，而且还为他赢得了1988年"发明美国"学生发明大赛费尔法克斯奥尔德克里克小学赛区的第一名，以及同年的"发明美国"弗吉尼亚州赛区的第一名。当时，他只有七岁。

比赛的评委建议他为这个发明申请专利。阿克希尔说他当时连专利是什么都不知道，但他还是告诉了他的父母。于是阿克希尔和他的父亲做了专利搜索。"任务确实艰巨，"阿克希尔承认说，"一般都要聘请律师来帮忙做专利搜索，但我们决定自己来做。我们到专利局的档案馆，花了很多时间来挨着查阅那些相关的专利。

最终，我们没有发现什么专利和我的喷嘴是十分相似的。我们就开始申请专利，但这个过程也非常考验人。有太多的规矩、规范需要遵守。你必须提供规定尺寸和规定墨水的附图，我们还是千方百计地完成了。”1992年，阿克希尔在他11岁的时候终于获得了第329810号设计专利，专利的名称为“一次性液体容器倾倒喷嘴”。“一开始，我并不把这个发明当作一回事，”阿克希尔说，“因为它太简单了。可一旦我们认真地对待它，就会发现，简单并不意味着没有用。它虽然简单，但它具有实用价值。”

阿克希尔和他的父母花钱请人做了一个喷嘴的塑料样品，但他们不打算把它当作商品来卖。“预算超出我们的能力之外了，”阿克希尔解释道，“我们就此作罢。发明本身就是乐趣。”

阿克希尔的简易喷嘴没有成为商店里的商品，但它仍然使阿克希尔受益匪浅。他12岁时被“知识产权所有人协会”（一个代表专利、商标和版权所有人权益的组织）接纳为会员。从詹姆斯·麦迪逊大学毕业之后，他又到弗吉尼亚医学院继续其学业。“能发挥自己的聪明才智来帮助我的母亲，这是一件快乐的事，”阿克希尔说，“并且，它为我赢得了1999年暑假到国家卫生研究院实习的机会，还帮助我考上了医学院。它确实让我受益匪浅。”

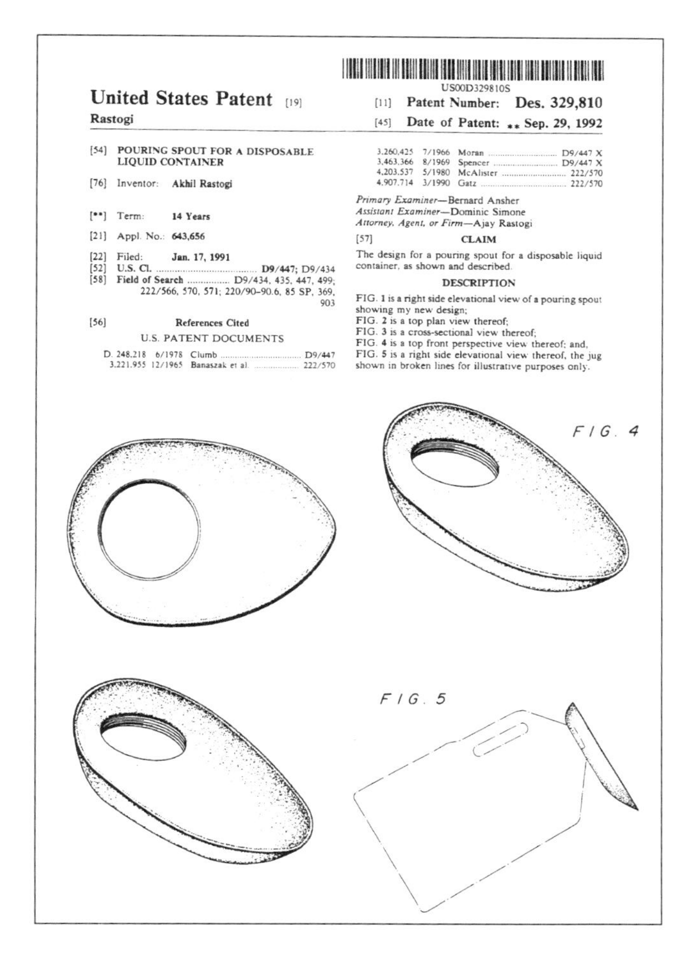

US00D329810S

United States Patent [19]
Rastogi

[11] **Patent Number: Des. 329,810**
[45] **Date of Patent: ** Sep. 29, 1992**

[54] POURING SPOUT FOR A DISPOSABLE LIQUID CONTAINER

[76] Inventor: **Akhil Rastogi**

[**] Term: **14 Years**

[21] Appl. No.: **643,656**

[22] Filed: **Jan. 17, 1991**
[52] **U.S. Cl.** **D9/447**; D9/434
[58] **Field of Search** .... D9/434, 435, 447, 499; 222/566, 570, 571; 220/90-90.6, 85 SP, 369, 903

[56] **References Cited**

U.S. PATENT DOCUMENTS

D. 248,218 6/1978 Clumb D9/447
3,221,955 12/1965 Banaszak et al. 222/570
3,260,425 7/1966 Moran .... D9/447 X
3,463,366 8/1969 Spencer .... D9/447 X
4,203,537 5/1980 McAlister 222/570
4,907,714 3/1990 Gatz 222/570

Primary Examiner—Bernard Ansher
Assistant Examiner—Dominic Simone
Attorney, Agent, or Firm—Ajay Rastogi

[57] **CLAIM**

The design for a pouring spout for a disposable liquid container, as shown and described.

DESCRIPTION

FIG. 1 is a right side elevational view of a pouring spout showing my new design;
FIG. 2 is a top plan view thereof;
FIG. 3 is a cross-sectional view thereof;
FIG. 4 is a top front perspective view thereof; and,
FIG. 5 is a right side elevational view thereof, the jug shown in broken lines for illustrative purposes only.

专利申请

发明人在提交专利申请时，需要填写自己的姓名、地址，并回答一系列的问题，比如：

- 你的发明是什么，它如何工作？
- 为什么你的发明优于且不同于其他的发明？
- 你的发明叫什么？
- 是否有类似的发明已获得专利？
- 如果有的话，你的专利律师或代理人叫什么？

此外，你必须提供三维的发明附图，并撰写“发明内容”。发明内容就是要准确地描写一项发明如何与其他的发明相区别，即对一项发明的核心理念进行定义，因而是专利申请中的重要部分。为设计专利撰写发明内容十分简单，因为只需要说明设计本身的创新之处即可。以阿克希尔·拉斯托吉的“简便牛奶喷嘴”为例，它的发明内容就很简洁：“该设计为一次性液体容器倾倒喷嘴，具体参见以下附图和说明。”

实用发明的发明内容一般较为复杂，要准确地描述一项发明的制作或工作原理。里奇·斯塔霍夫斯基（Rich Stachowski）在九岁时发明了水下对讲机，并于1999年获得第5877460号“水下通话设备”发明。这个实用发明包含13项“发明内容”，第一项即是：

> 所发明的是：1.一部水下通话的设备，上述设备包括：（1）一个具有一个大开孔和一个小开孔的机身；（2）一个覆盖在上述大开孔的薄的膜片；（3）一个安装在上述小开孔的话筒；（4）至少一个的单向吹除阀安装在上述机身上，以吹除空气，而上述吹除阀所吹除的空气为直径小于5毫米的气泡；通过话筒向上述小开孔说话时，声波经由上述膜片传递到周边的水域。

可见，以上第一项发明内容就对设备进行了详细的描述。其他的发明内容则包含尺寸和材料的具体信息，比如“上述小孔直径为0.1—0.5英寸”。里奇的水下对讲机后来被大批量生产，在塔吉特百货公司及其他商场出售。类似这样的专利，不论是通过图画还是文字的方式，都要提供大量的细节来说明一项发明的独特性。因此，其他人在读到这些信息之后，也能复制出相同的产品或技术。当专利有效期过期之后，任何人都能使用该专利了。

发明人的话

“大多数发明专利都是不赚钱的，因此你必须首先问自己：有人会买我的发明吗？除了我以外，还有人喜欢我的发明吗？”

——阿比·弗莱克（Abbey Fleck），培根烤盘的发明者

提交专利申请之后，你将收到美国专利商标局的通知，确认他们已经收到你的申请。之后，专利审查员要对申请进行审查，亲自搜索专利，并判定所申请的内容是否属于发明的范畴——也就是说，判定它是否新颖、有用，并非显而易见的。这个过程可能持续一年半的时间。最后，许多申请得到批准，但也有很多申请由于各种原因遭到拒绝。如果申请当中出现了严重的问题，它就有被拒绝的风险。这也是人们聘请专利律师的另一个理由：律师可以帮助他们审核或撰写申请。

当你获得某项专利之后，一段时间内你对自己的发明拥有专利权，你可以决定是否将其转化为商品。你也可以授权一家或多家公司来使用你的发明。总之，在美国境内，没有人能不经你许可就复制、使用、出售或引进你的发明专利。有部分发明从未变成商品。

专利侵权

未经许可就使用他人专利的情况确实存在，这就构成了专利侵权。专利所有人有责任保护自己的专利不受侵犯，但也可能因此付出较大的代价。你必须给侵权人写信，禁止其侵权行为，有时还不得不聘请律师来针对侵权的个人或公司采取行动。

培根烤盘

阿比·弗莱克生活在明尼苏达州伯奇伍德，她八岁时发明了一个可用于微波炉烤制培根的盘子。一天，阿比的父亲正在烤制培根，培根滋

滋地冒油，他用纸巾不停地吸油，很快就把纸巾都用光了。这时候，阿比的心里冒出来一个想法：为什么不用烤架来烤培根？把烤架放进微波炉，培根冒出来的油正好就滴在烤架的托盘里。真是个好主意！弗莱克一家获得了培根烤盘的专利，开办了公司，并注册了自己的品牌“Makin' Bacon”。自1994年起，这款培根烤盘已经销售了几百万件。

然而，就在培根烤盘上市几年之后，另一家公司开始销售一款类似的产品。为了保护自己的发明专利，弗莱克一家起诉了这家公司。最终，这家公司同意停止销售他们的侵权产品，支付了一万多美元的赔偿金，并将他们用于生产的模具交由弗莱克一家处理。“Makin' Bacon”培根烤盘的销量继续攀升。

如何读懂专利

请注意下图中阿里尔的专利，其中标出番号的各项内容是所有专利都具备的。如果你能读懂阿里尔的这份专利，你就能读懂其他的任何专利了。

❶发明人的姓氏。

❷专利编号。

❸专利授予的日期。

❹发明的名称。

❺发明人的名字和地址。

❻有效期：专利受到保护的时期。有些专利有效期会根据申请过程中的延误时间而得到相应的延长或调整。（该项实用专利的20年有效期就延长了361天。）

❼申请编号。

❽提交申请的日期。

❾美国专利类别：所有发明都归入类别和子类别。此例给出的类别是30，子类别是233。

❿搜索领域：与本发明类似或为其提供基础的专利。

⓫参考引用：与本发明最为相似的专利，以及为什么相似。

⓬主审查员：美国专利商标局负责审查专利申请的人员。

⓭律师、代理人或机构：发明人或代表发明人的人员或公司。

⓮摘要：对本发明的描述和解释。

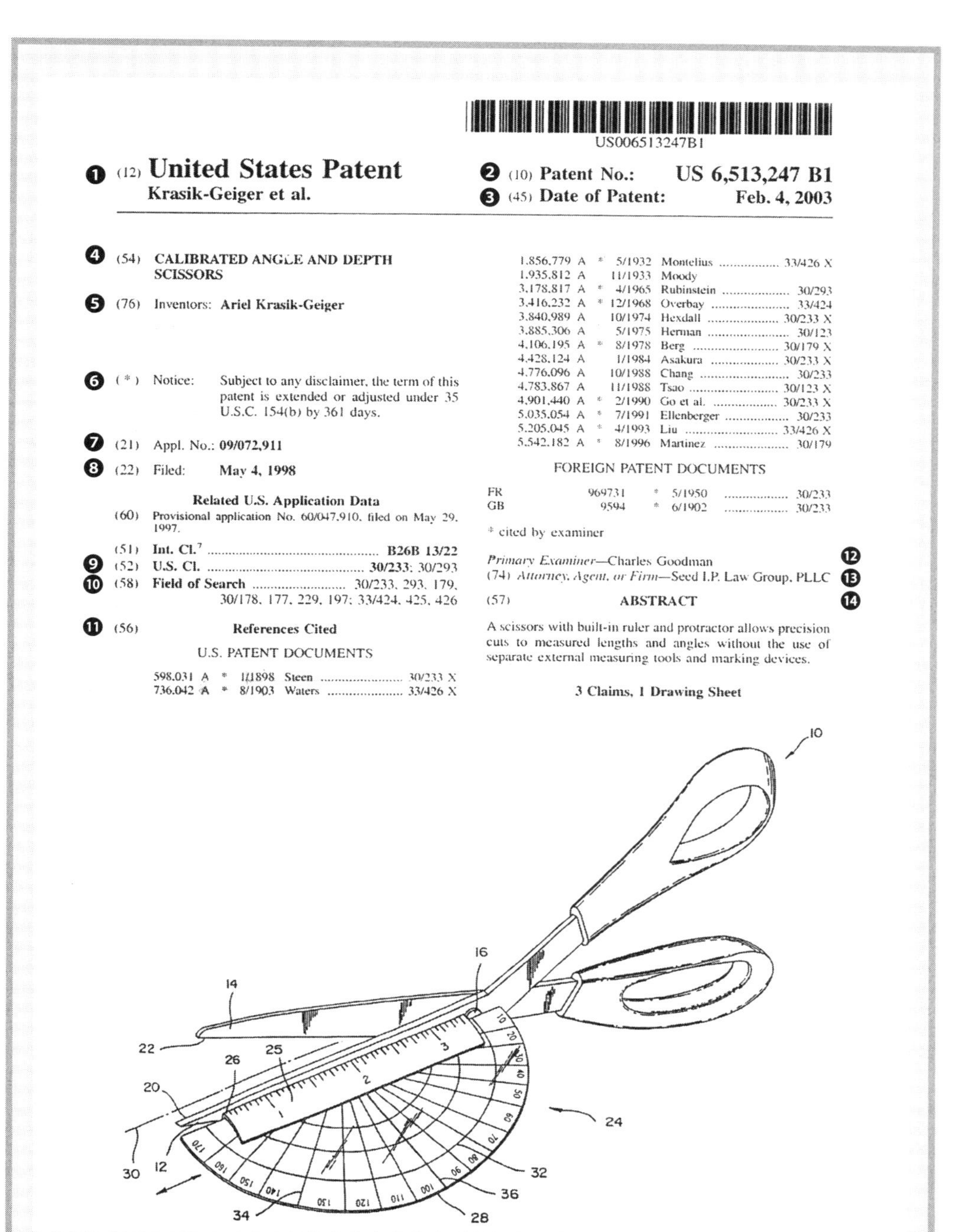

US006513247B1

❶ (12) **United States Patent**
Krasik-Geiger et al.

❷ (10) **Patent No.: US 6,513,247 B1**
❸ (45) **Date of Patent: Feb. 4, 2003**

❹ (54) **CALIBRATED ANGLE AND DEPTH SCISSORS**

❺ (76) Inventors: **Ariel Krasik-Geiger**

❻ (*) Notice: Subject to any disclaimer, the term of this patent is extended or adjusted under 35 U.S.C. 154(b) by 361 days.

❼ (21) Appl. No.: **09/072,911**

❽ (22) Filed: **May 4, 1998**

Related U.S. Application Data

(60) Provisional application No. 60/047,910, filed on May 29, 1997.

(51) **Int. Cl.**[7] **B26B 13/22**
❾ (52) **U.S. Cl.** **30/233**; 30/293
❿ (58) **Field of Search** 30/233, 293, 179, 30/178, 177, 229, 197; 33/424, 425, 426

⓫ (56) **References Cited**

U.S. PATENT DOCUMENTS

598,031 A * 1/1898 Steen .... 30/233 X
736,042 A * 8/1903 Waters .... 33/426 X
1,856,779 A * 5/1932 Montelius .... 33/426 X
1,935,812 A 11/1933 Moody
3,178,817 A * 4/1965 Rubinstein 30/293
3,416,232 A * 12/1968 Overbay 33/424
3,840,989 A 10/1974 Hexdall .... 30/233 X
3,885,306 A 5/1975 Herman 30/123
4,106,195 A * 8/1978 Berg .... 30/179 X
4,428,124 A 1/1984 Asakura .... 30/233 X
4,776,096 A 10/1988 Chang 30/233
4,783,867 A 11/1988 Tsao .... 30/123 X
4,901,440 A * 2/1990 Go et al. .... 30/233 X
5,035,054 A * 7/1991 Ellenberger 30/233
5,205,045 A * 4/1993 Liu .... 33/426 X
5,542,182 A * 8/1996 Martinez 30/179

FOREIGN PATENT DOCUMENTS

FR 969731 * 5/1950 .... 30/233
GB 9594 * 6/1902 .... 30/233

* cited by examiner

Primary Examiner—Charles Goodman ⓬
(74) *Attorney, Agent, or Firm*—Seed I.P. Law Group, PLLC ⓭

(57) **ABSTRACT** ⓮

A scissors with built-in ruler and protractor allows precision cuts to measured lengths and angles without the use of separate external measuring tools and marking devices.

3 Claims, 1 Drawing Sheet

阿里尔·克拉西克–盖格“能测量角度和长度的剪刀”的发明专利的部分内容

能测量角度和长度的剪刀

阿里尔·克拉西克-盖格（Ariel Krasik-Geiger）一直对数学和科学感兴趣。他喜欢使用各种工具，到九岁时，他不仅会使用螺丝刀、铁锤，还会使用裁断锯、钻头、钻床和车床。"我的父亲就是搞发明的，我们家楼下有一个工具齐备的工作间，"阿里尔说，"我经常动手操作机械。"

十岁时，阿里尔想到要制作一把带尺子的剪刀。"我觉得要在刀刃上加一把尺子是很容易的事，"他解释道。有了这样一把剪刀，人们在剪纸的时候就能精确控制剪下的长度（如一厘米或三厘米）。"第一把剪刀就是用黄铜铆钉固定了一块纸板剪的尺子。没什么稀奇的，"阿里尔说。

"后来我看到'工艺师/NSTA青少年发明者奖励计划'的消息，我就想改进一下我的剪刀。我开始思考，还有什么可以加在剪刀上呢？如果你所剪的东西需要准确地测量，那么你会用到尺子、量角器和铅笔。于是我加上了量角器。量角器沿着尺子移动，纸张就能根据不同的角度来对齐。使用剪刀时，将剪刀的刀刃保持在所需要剪下的长度，移动量角器，使夹角与那一长度对齐，然后剪下。"他发明的能测量角度和长度的剪刀成了1997年"工艺师/NSTA青少年发明者奖励计划"的赢家。1998年，12岁的他入选全美青少年发明家名人堂。2003年，阿里尔及其父亲因为阿里尔的设计获得了第6647842号和第6513247号发明专利。现在还有人在研究如何生产并出售他的剪刀。"对于正在学习基础数学或几何的孩子们来说，这把剪刀是一件很好的工具，"阿里尔如此说道。并且，他还有证据。他亲自制作了16把剪刀送给自己的一位小学老师，这位女老师在课堂上使用了这些剪刀。

练习

一、找一找身边的专利号

许多家里或教室里的东西都有专利号印在其外观或标签上。拿出你的放大镜，找一找身边有哪些专利号。（注意："专利已申请"［Patent Applied For］或"专利待审"［Patent Pending］等字样表明发明人已经申请了专利，但尚未获得专利。）

二、做一次专利搜索

几乎所有人都喜欢吃蛋筒冰激凌，但如果你吃得太慢，冰激凌就会融化，滴到你手上。有没有人发明出更不容易弄脏手的冰激凌呢？这可说不一定。你可以搜索一下专利。按照我们之前所说的步骤，通过查询关键词“蛋筒冰激凌”来搜索。（注意：任何与冰激凌有丝毫关联的专利都会显示在查询结果当中，如制造冰激凌的机器、装冰激凌的容器。先阅读专利描述，再确认与蛋筒冰激凌设计相关的专利。）你从查询结果中发现什么了吗？有没有什么专利很好地解决了冰激凌脏手的问题呢？

第9章 注册商标

专利的作用在于保护你的发明，而商标的作用在于标识产品的来源。商标能帮助你回答诸如“谁制造了这些产品”“谁提供了这些服务”等问题。商标可以是有关产品或公司的一个单词、一个标志或者一句标语。此外，一个符号、一个声音，甚至是一种颜色也能成为商标。在本章节中，你也许会发现有些商标的符号是跟在品牌名称后面的。这样的例子只是为了向你展示商标的用途。在多数情况下，商标的符号并没有直接跟在品牌名称后面。

商标的世界

这是个商标的世界。它们出现在手提袋、罐头、瓶子、包裹、标签和广告牌上，出现在飞机的机身或者火车的车厢上，出现在标识牌和商店的招牌上，出现在制服等衣物上，几乎无所不在。你还能从电视或收音机上听见各种特别的声响、广告语或曲调，这些也是商标。只要你留心，就能处处看见或听见商标。

公司为自己的品牌注册商标之后，其他的企业将无法使用这些名称来销售相同的产品或服务。这样一来，消费者就能在了解某一产品、服务的同时了解其品牌。消费者将商标与产品或服务的品质联系起来，并根据商标来决定是否继续购买或使用。商标的价值也因此得到体现。

美国专利商标局提供商标注册的服务，并以此来保护企业所有人和消费者的权益。

商标的符号

仔细观察玩具、食品包装袋或衣服标签上的商标，你会发现品牌的名称或图形旁边有一个®或™的符号。这个符号就是商标的标识。任何人都能使用™的符号来标识对某商标的权益，但只有在联邦政府注册该商标之后，才能使用符号®。如果已经提交商标的注册申请而尚未获得通过，也只能使用™的符号。

公司可以拥有多个商标。商标也可以不同于公司的正式名称或商号。例如，龙与地下城®（Dungeons&Dragons®）就是一款角色扮演类游戏的注册商标，属于威世智公司（Wizards of the Coast, Inc.）开发的产品。大富翁®（Monopoly®）也是一款桌面游戏的注册商标，属于孩之宝公司（Hasbro, Inc.）开发的产品。

用于产品名称的普通名词不能成为商标。例如，“电脑桌”“电视柜”这类词只能描述产品的类别，不能代表任何制造商或发明人。

普通名字可以成为商标的一部分，但并不受商标的约束。例如，掌印篮球™（Hands-On Basketball™）是运动时光®（Sportime®）的一款产品，但“篮球”这个词是普通名词，因此美国专利商标网上会作出如下声明：“此商标中所含‘篮球’一词并不受到任何排他性权利的保护。”

发明人的话

“如果你为自己的产品取了一个很棒的名字，申请商标也许是个好办法。商标的费用并不高昂，但很实用。”

——克里斯·哈斯（Chris Haas），掌印篮球发明人

商标的类别

绝大多数商标都是产品或公司的名称。例如，PlayStation®是一款游戏产品的名称和商标；TOYS “R” US®是一家公司的名称和商标。

商标能从视觉上向消费者说明某一家公司在售卖某一款产品。商标的作用就是便于识别。商标可以是一个抽象的标志（Logo）。根据《韦氏英语百科大全》（*Webster's Encyclopedic Unabridged Dictionary*）的解释，“标志”是以图形

或符号来代表某公司、名称或商标、缩写等类似的内容，其设计的目的是为了便于识别。代表了“国际商用机器公司”的IBM就是一个典型的案例。“国际红十字会救援组织”的醒目标志是一个红色的十字。一个符号或人物形象也可能成为商标。耐克公司的标志就是一个类似于“对号”的符号。皮尔斯百利公司的小面人也是其著名的标志。

色彩也可以成为商标。麦当劳公司的金色拱形标志既包含了形状，也包含了色彩。

此外，商标还包含某产品或公司的广告语。这一类商标的作用就是要让消费者在听见广告语的同时联想起该产品或公司。“就是喜欢你®”（I’m Lovin’ It®）这句广告语是麦当劳公司的注册商标，只不过麦当劳公司像许多公司一样会不时地引入新的广告语。“吃得新鲜®”（Eat Fresh®）是赛百味连锁快餐店的广告语。这类广告语一般是宣传产品或者用户体验的。

少数情况下，声响也能成为商标。一个典型的案例是美国国家广播公司（NBC）的报时声。

申请商标

商标必须应用于商业。你只有在销售某产品或服务时才能创立商标。也就是说，你要面向朋友或者普通大众销售你的发明。创立商标之前，你首先要设计并使用一个标志。从你第一次使用标志开始，你就对该商标拥有了权益。你可以设想一个名字、一个图形或一句广告语来作为你的发明商标，只要是前人并未使用过的，你都可以使用。

为了确认是否有其他人正在使用与你的设计相同的商标，或相似程度足以让消费者混淆的商标，你可以查阅杂志、电话簿和产品目录来了解当前使用的商标。此外，你还可以搜索美国专利商标局的数据库（www.uspto.gov），看看是否有人已经申请注册了一个相同或非常相似的商标（如果你打算出售你的发明，可以聘请一位商标律师来进行搜索，因为要搜索所有可能类似的商标是很困难的工作）。

如果你在网上搜索的结果是没有发现任何相似度很高、极易混淆的商标，那你就可以使用你所选择的商标来开展商业活动了。使用商标时，要在商标旁边注明TM字样。

你也可以申请在联邦政府注册你的商标。注册的费用只需要几百美元，相比申请专利的费用低廉很多。商标注册的申请包括：

- 你的姓名和地址
- 商标的设计图
- 与商标相关联的产品和服务列表
- 申请费用

申请可通过网络提交或邮递提交。美国专利商标局鼓励用户在线提交申请。其官方网站界面友好，对申请的每一个部分都有帮助提示。

当你提交申请之后，美国专利商标局的律师们将审查你的申请。他们将现有的注册商标和已提交申请的商标与你的商标进行比对。如果没有相似的商标出现，而其他相关的法律要求也得到满足，你的商标就可以正式注册了。在商标的使用过程中，每隔十年，你都必须更新商标一次。

如何进行商标搜索

在线搜索商标的步骤如下：

1. 登陆美国专利商标局官方网站www.uspto.gov。

2. 在网站首页的左方找到“商标”（Trademarks），点击“搜索”。

3. 打开“商标电子搜索系统”（TESS）的页面，点击“新用户文件搜索”（New User Form Search）。

4. 在“搜索项”（Search Term）后面的空格内输入商标的名称（如“掌印篮球”）。点击“提交查询”（Submit Query）。

5. 显示搜索结果。在搜索出的商标右方有“有效”（Live）、“失效”（Dead）的备注字样。“失效”意味着该商标不再是注册商标，但它有可能仍旧被某企业使用，所以不一定就是可供他人使用的。使用该商标的企业受到习惯法保护，他人使用该商标时将侵犯该企业权益（一旦商标被搜索出来，系统将显示所有相关的信息）。

6. 如果没有任何商标被搜索出来，则系统显示“对不起，您的查询没有结果”。

如果商标被长期运用于商业活动并始终得到维护，它们就可以无限期地更新下去，直到商业活动的终止。有许多商标的使用期限已经达到50年、60年，甚至上百年。

任何个人或企业在使用商标时，不管该商标是否注册，都可以对其他使用类似名称或图形的企业提起法律诉讼。尽管注册商标并非强制性的要求，但注册的程序可以为商标所有人带来一定的法律方面的优势。例如，法院会认为商标的注册人是商标的所有人，在美国境内，注册人对注册的产品或服务领域，拥有专属的使用权。对注册商标造成侵权的一方将赔偿所有人的损失，并支付律师费用。

注册商标比申请专利更具优势

有些情况下，发明人选择注册商标来尽快将发明产品投入市场。申请专利费用高昂，且并不是所有发明都能成为专利。此外，获取专利的时间可能要持续好几年。发明人完全可以通过商标的宣传来树立其产品或企业的品牌。

还有些情况下，发明人为了保护其产品中的独特配方而放弃申请专利。这一独特配方也就是所谓的商业机密。申请专利要求发明人完全地公开每一种产品配方，并给出详细的说明，这样其他人就可以在专利失效之后仿制其产品。如果公司不愿意公开自己的商业机密，就会选择放弃专利。公司可以通过广告宣传来稳固产品的市场地位。例如，可口可乐公司拥有一种秘密的配方。由于公司不愿意披露该配方，就没有申请产品专利。但是，它注册了“可口可乐”的商标，并在广告当中运用了该商标，让广大的消费者通过商标来识别这种汽水产品。尽管后来有不同的公司生产出了各种各样的可乐饮料，但多数消费者始终认可“可口可乐”的品牌。

如果发明人无法获得专利，注册商标也能使其受益。也许有类似的发明在很多年以前已经获得了专利，也许你的发明根本不算发明，而是古已有之。例如，呼啦圈的发明人就无法获得专利，因为这种玩具已经有几千年的历史了。古埃及的儿童用葡萄藤编织了圆形的圈，连玩耍的方式都和我们今天的一样。14世纪的英国流行一种箍环，不仅孩子们喜欢，连成年人也很热衷。19世纪早期，英国的水手到达夏威夷群岛，发现箍环与当地的呼啦舞有异曲同工之妙，于是“呼啦”一词又跟箍环联系在一起。然而，“呼啦圈”这个名字本身是前所未有的，可以被注册为商标。

掌印篮球

来自加利福尼亚穆里塔的克里斯·哈斯在上小学三年级的时候很喜欢打篮球。后来学校布置了一项任务，要求他发明一件对大家日常生活有帮助的东西，他于是想到了许多还不擅于打篮球的孩子们。因此他发明了一种新型的篮球。篮球上印有掌印，教孩子们如何持球投篮。克里斯的老师、朋友和家人都认为他的创意很棒，都鼓励他把创意变为可销售的产品。

克里斯的家人首先向专利顾问咨询了专利申请的事宜。“他们跟我说，专利对我用处不大，因为其他的公司只要将我的创意稍微修改一下，就能绕过专利的限制了，”克里斯说道。因此，他们决定采取注册商标的策略。“有一天，家里人帮我想了很多商标的名称，只是闹着玩儿的，没有很当真，我随口说了一句‘掌印篮球’（Hands-On Basketball），好像就把大家镇住了，”克里斯回忆说。他最终注册了一个既能保护创意又能识别产品的商标：掌印篮球™。

克里斯和他的父亲花了差不多一年的时间来研制掌印篮球的原型。他们尝试了不同颜色和形状的掌印，最后采用了荧光黄的球身、橙色的花纹，另外再加上掌印。他们为自己的发明设计了一个小宣传册，到图书馆里查找可能对这款产品感兴趣的公司，然后把宣传册邮寄给公司。

等待回音的过程让克里斯记忆犹新。“有公司回信说他们根本不看好我们的发明，让我们很受打击，可我的家人一直鼓励我要坚持。”一年半之后，克里斯的父亲（他在克里斯的学校担任教练）在学校接到一通电话。克里斯当时已经

克里斯·哈斯和他发明的掌印篮球

上四年级了。“我走到克里斯的教室，”老克里斯回忆说，“我们把电话转接了过来。”打来电话的是专卖体育用品的运动时光公司。父子俩亲耳听见对方说，公司愿意生产并销售他们的掌印篮球。

克里斯一家与运动时光公司签订了协议，授予该公司独家生产并销售掌印篮球、使用其商标的权利。“从那以后，”克里斯说，“还有很多公司对我的发明感兴趣，他们都想使用我的商标，但我已经签过协议，没办法再给他们授权了。你看，起个好名字还真是挺重要的。”

自20世纪90年代以来，运动时光公司在全世界销售了数十万的掌印篮球。克里斯还注册了掌印足球的商标，是一款带有掌印的足球产品，同样也由该公司负责销售。“当我走进商店、看见自己的产品的时候，这感觉好极了！”克里斯感叹道，“这样的经历非常有意义，不光是因为我赚到了钱，还因为我帮助了全世界的小朋友，太了不起了！”

练习

一、设计一个商标

选择一个熟悉的商标，把它重新设计一下。尝试使用不同的颜色、字体或形状。也可以为你的发明设计一个全新的商标。手工绘制或电脑绘制均可。

二、构思一个卡通形象

许多公司都会使用动物或想象出来的人物形象来宣传其产品，如傻乎乎的托尼虎、憨态可掬的维尼熊等。为你喜欢的产品或你自己的发明构思一个卡通形象，并把它画下来。说说它为什么能代表你的产品。

三、创作一句广告语

为某件产品或你自己的发明创作一句广告语。创作的过程中，可思考以下几个问题：这项发明给人们带来什么样的感觉？它如何提供帮助？有什么最佳的词汇来描述它？这些问题的答案能启发你想出一句简短、精练的广告语。

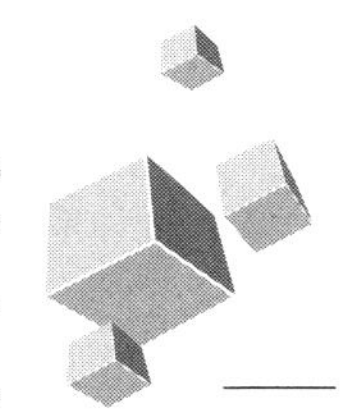

第10章 挖掘发明的商业价值

想一想，你为什么购买了这种产品，而不是那种产品呢？你是否在广告上看到过它？或者从朋友那里听说过？如果你对某种产品感兴趣，你主要关注的是哪些方面呢？它的外观看起来很酷吗？它的质地感觉很经久耐用吗？它是有趣，还是能帮助你解决问题呢？每一个人在决定购买一件商品之前都会思考这些问题。如果你希望将自己的发明变成畅销的商品，你就必须考虑所有相关的因素。

孩子们的发明

带摄像头的日记本

萨拉·伊莱亚斯·罗德里格斯（Sara Elias Rodriguez）八岁的时候，老师叫她想象一个很酷的玩具，然后把它画下来，她于是画了一个隐藏在《小红帽》童话书里的摄像头。“我喜欢看侦探电影，”萨拉坦言，“我看到很多东西上面都安装了摄像头，唯独书里面没有。”老师把她的作品跟其他同学的作品一起寄给了野性星球玩具公司（Wild Planet Toys, Inc.），参加该公司赞助的“儿童发明挑战大赛”。“我没想过会赢，”萨拉说，“我班里的同学们都相当有创意。”然而，在提交的数千份参赛作品中，萨拉脱颖而出。

获奖之后，萨拉在家人的陪同下受邀前往玩具公司。为了将她的创意制造成产品，公司需要咨询萨拉的意见。他们最终研发出一款带有内置摄像头的日记本，日记本内还有一个相册和一个暗盒。“我八岁的时候就提交了我的创意，现在我十岁了，创意才终于变成了产品。这是一个漫长的过程，不是几分钟就能实现的，”萨拉总结道。

萨拉·罗德里格斯与野性星球公司的特里西娅·赖特（Tricia Wright）一起研发带摄像头的日记本

在你的发明真正成为货架上的商品之前，你需要回答许多问题。例如：是否有人愿意购买你的发明？它是否安全？它的生产成本是多少？什么样的包装最能吸引顾客？是否能通过各种游戏或活动来促销？

发明人和相关人士在挖掘发明的商业价值的时候，都要努力解决好上述问题。要尝试不同的方法来让更多的人喜欢你的产品。

自动熄灭的蜡烛

来自俄亥俄州哥伦布的莉萨·赖特（Lisa Wright）发明了自动熄灭的蜡烛。“我的祖母和我的妈妈都有过忘记吹灭蜡烛而让蜡烛烧坏台面的经历，”莉萨说道。在莉萨想要发明什么东西的时候，她的母亲建议说：“也许你能发明出可以自己熄灭的蜡烛。”

莉萨当时就读于艺术影响力中学（Arts Impact Middle School）。她向自己六年级的科学老师多若拉（D’Aurora）先生请教，老师建议她使用一些金属器件把蜡烛给箍住。“我试验了金属的垫片、卷尺和铅锤，”莉萨回顾道，“这些都很管用。

蜡烛燃烧到金属的部位就自动熄灭了。”

因此，莉萨和她的父亲迈克开始一起研制可以自动熄灭的蜡烛。他们用制作蜡烛的模具做了几根蜡烛，然后把金属件箍在蜡烛的不同部位上。莉萨记录了从蜡烛点燃到熄灭的时间，并依据此记录制作出燃烧15分钟、30分钟或60分钟之后就自动熄灭的蜡烛。莉萨在学校的发明比赛中获得了第一名，和另外九名选手一起受邀参加了哥伦布胜者联盟基金会（Winners League Foundation of Columbus）组织的创业项目。该项目的宗旨就在于帮助年轻的发明人挖掘其发明的商业价值。

莉萨·赖特展示她的自动熄灭蜡烛

在部分家长的陪同下，莉萨和其他学生一起参观了：

- 一家工厂，了解产品生产的过程；
- 一家律师事务所，介绍专利和商标方面的知识；
- 一家平面设计工作室，设计师展示如何将产品包装做得更加吸引顾客；
- 一家广告公司，了解杂志广告的设计和电视及电台广告的制作。

“这对于我和爸爸来说都是一个学习的过程，”莉萨坦言，“我们每周都能学到新的知识。”2002年，14岁的莉萨入选全美青少年发明家名人堂。

专门引导学生去了解制造业及其他商业领域的项目还有很多，一般都通过学校、地方或国家机构组织。可登录附录中所列出的相关网站进行查询。

产品开发

"我很惊奇地发现，要把一款产品拿到商店去销售需要许多人的共同努力，而且所有的努力都最终有了结果。"

——梅根·墨菲（Meghan Murphy），Boinks!Buddies!（带头像的箍圈玩具）发明人

如果你想将发明开发为产品，首先要考虑的就是如何让消费者喜欢你的产品，让产品畅销。有两个来自伊利诺伊州高地公园（Highland Park）的八岁男孩曾无意间发明了一款玩具，但他们把玩具变成可销售的产品的过程却十分漫长。

Flip-Itz弹跳玩具

贾斯廷·刘易斯（Justin Lewis）和马特·巴利克（Matt Balick）曾在无意间用比萨盒子里的三脚支架发明了一款新玩具。"马特和我当时正在参加一个篮球聚会，到处闲逛，无所事事，肚子咕咕叫，"贾斯廷回忆道，"后来比萨送过来了，我们就在盒子里发现了这种三脚的塑料支架，觉得挺好玩的。我们把它按下去，它立马弹起来。跟着我们同桌的伙伴也开始在他们的比萨盒子里找三脚支架，也玩了起来。"马特又补充道："我们还没有反应过来呢，其他桌的伙伴们都开始玩三脚支架了。"他们两人把玩具拿给父母看，认为"这可能是个很棒的玩具"。

"我是从事营销工作的，"马特的父亲罗伯特·巴利克（Robert Balick）说，"我看到他们的玩具，就跟贾斯廷的父亲科特（Cort）商量，他是个生意人。我们决定试一试。"于是两对父子组成了一个团队。"我们开始设想这些小东西到底能做成什么样的产品，"罗伯特说。他们决定给这些小东西命名为Flip-Itz，并注册了商标。

下一步，他们必须对玩具加以设计。"我们不可能买些比萨盒的三脚支架回来，然后直接往上面贴画像，"科特解释道，"这些支架本身不是玩具。"他们决定将支架重新设计一番，这样支架的顶部能贴上画像，腿部也能张得更开、伸得更长，只要你冲着画像按下去，它就能一跃而起。经过这些调整，支架就不再是支架，而成了真正的玩具，还有了类似于"大猩猩戈斯"和"火爆群龙"的卡通形象。每一个卡通形象都有自己独特的亮丽色彩以及灵活度。"我最喜欢蜘蛛侠韦伯，"马特说，"因为它跳得最高。"

他们的下一个挑战是把玩具生产出来。他们找了一家能生产小件塑料制品的公司。"有些塑料在你按下去的时候就断裂了，"科特介绍说，"有些太柔软，玩具跳

不起来。还有一些，玩具又跳得太高。另外有一些要么是太生硬了，要么就手感不好。我们最终找到了合适的配比，做出来的玩具不仅跳得够高，还能空翻，手感也不错。然后就要测试这些玩具的安全性。”

马特·巴利克（左）和贾斯廷·刘易斯（右）正在玩他们的Flip-Itz弹跳玩具

再接下来，他们发明了游戏规则。“Flip-Itz 21是我的最爱，”贾斯廷说，“如果玩具落下来是三脚站稳的，玩家就得五分；如果侧翻，得一分；如果三脚朝天、头部着地，得三分。Flip-Itz Golf确实好玩，因为全家都能参与。”

下一步，选择玩具的包装。一包玩具里面应该放多少只呢？包装的正面和背面该写上什么内容呢？他们决定将四只Flip-Itz放入一个透明塑料盒，盒子的底部是一块可悬挂在商店陈列的纸板。一包玩具售价2.49美元。纸板的背面写上建议的游戏规则，并给出一个可供玩家进行网上虚拟游戏和了解卡通形象的网站。

Flip-Itz弹跳玩具一经面世便广受欢迎，连续畅销数年。多家报纸，甚至电视台，都对玩具的发明人马特和贾斯廷进行了报道。“这对两个男孩来说真是一次宝贵的经历，”罗伯特总结道，“我们希望，我们已经教会了他们凡事皆有可能的道理。”

生产任何产品都不是一件简单的事。有时候，单独的一家公司无法完成生产任务，一件产品需要由多家公司合作生产。这也是一位年轻的发明人所总结出来的经验。

Boinks!（箍圈玩具）和Boinks!Buddies!（带头像的箍圈玩具）

来自密歇根州布鲁姆菲尔德山的梅根·墨菲（Meghan Murphy）一家是生产和销售Boinks!箍圈玩具的。她的姐姐科琳（Colleen）是这款玩具的发明人。有一天，科琳和弟弟凯文·约翰（kevin John）在车库里玩，随手就抓起了一些破碎的汽车管件绝缘材料。他们的父亲是从事汽车行业的，是他把汽车的管件留在车库的。编织而成的绝缘材料像羽毛一样轻盈。科琳拿了一片来箍成一圈，轻轻一扔，它竟然飘了起来！然后，她和弟弟就不停地往对方身上扔这种碎片。“这个游戏真太好玩了，”科琳解释说。

后来科琳跟其他人分享了这个新“玩具”。“朋友们都纷纷向她索要这些绝缘材料的碎片，或者用来做聚会的礼物，或者用来填充在长筒袜里面，”科琳的母亲乔伊丝·墨菲回忆道，“我们就找了一把热切刀来手工切割，然后就有了出售这些碎片的主意。”他们注册了一个商标：Boinks!™。

梅根的童年就伴随了这款产品从无到有的过程。它虽然是一款简单的箍圈玩具，却需要三家公司来合作生产。科琳最初玩耍的绝缘材料是黑色的扁平编织物，像绳子一样被卷在轴上的。而他们生产出来的Boinks!玩具是色彩艳丽、圆鼓鼓的箍圈。他们是如何做到的呢？

首先，墨菲一家找到生产黑色绝缘材料的公司，特意让它生产不同颜色的材料，先是红色，然后是粉色、黄色、绿色、蓝色等亮丽的颜色。

接着，他们找了另一家公司来给这些材料加压加热，使材料延展而形成管状。

最后，他们再找了一家有合适的切割设备的公司来将材料切割为5英寸长的箍圈。

等梅根长到13岁的时候，她和父母一起参加了一次商品展销会。父母在自己的展位上推销Boinks!玩具，她就到别的展位上参观。“我看到有一家中国的公司在推销柔性泡沫做成的钢笔，钢笔头上有小人像，”梅根说，“小人像很是鲜艳，且形状各异，有些是扁平的，有些带了羽毛。有些像飞机的翅膀长了眼睛，还有些像火箭的样子。”

梅根曾在学校学过中文。“我一见到展位上的人，就知道他是从中国来的，于是我跟他说了一点中文，”梅根说，“我给他看了我们的Boinks!玩具，一起玩了一会儿。后来我就试着把钢笔上面的小人像加到Boinks!上面，想看看它还飞得起来不。结果它竟然飞起来了！”

于是梅根有了一个主意。她要把小人像加在Boinks!上面，做成Boinks! Buddies!——有脑袋的Boinks!。可这样的玩具会有人买吗？她的父母会生产它吗？它可以跟Boinks!一起销售吗？事实上，连她的父母也不知道答案。

梅根必须说服她的父母相信Boinks! Buddies!是个好主意。她决定问问别人是否喜欢她的发明。她做了一份调查问卷，向她就读高中的学生征求意见——她在高中上一门商业课程。她在替别人家照看小孩的时候，也向小孩本人征求意见。这两大人群成为她的重点调查对象。她向他们询问简单的问题，比如：“你最喜欢什么样的小人像和颜色？你愿意花多少钱来购买一个这样的玩具？”

梅根·墨菲和她的部分Boinks!Buddies!玩具

通过调查，梅根发现某些颜色和小人像是更受欢迎的，并且人们也愿意以一个合理的价格来购买她的玩具。当她把自己的调查结果展示给父母时，她的父母认为Boinks! Buddies!是值得投资的。

接着梅根开始了解有关生产的事项。“在生产Boinks! Buddies!之前，我以为只要我们愿意，就可以把它生产出来，”梅根说。后来她才意识到自己想得太简单了，商业生产实际是人们通力合作的过程。“一开始我很迷茫，说不出个所以然，”梅根说，“有太多人参与进来。有订购的商店，有生产和装配的公司，还有包装以及运输的公司。而且一切都必须按时完成。都是有最后期限的。就算是第一步，如果我们滞后了一天，也会把一切都搞砸。”

迄今为止，Boinks! 已经销售了17年之久，而Boinks! Buddies!也销售了四年。2003年，18岁的梅根获得了国家自主创业协会（NASE）颁发的未来企业家奖，她的获奖感言是：“从我的母亲身上学习是很快乐的事。”

国家自主创业协会（NASE）成立于1981年，代表了数十万的自主创业、雇员不超过五人的小企业。自1993年以来，该协会每年都颁发未来企业家奖以及其他奖学金来鼓励人们的企业家精神，且不局限于某一行业。隶属于协会成员的大学新生也可以申请奖项。详情请登录www.nase.org网站。

寻找合适的生产厂商

如果你想为你的发明寻找一家生产厂商，你必须慎重选择。尽量找一家产品跟你的发明类似的厂商。如果一家厂商的主要产品是塑料制品，而你的发明是金属材质的，你就不要选择这样的厂商。

你还需要在寻找厂商的同时保护你的创意。首先要跟厂商的代表签订一份保密协议，然后才向他们透露你的发明信息。保密协议的基本内容是要求对方为你的发明保密。厂商派来的代表要签署这份协议，保证不向他人泄露你的发明信息或窃取你的创意来自行生产。很多厂商也有自己的保密协议（有关保密协议的具体细节，可在商业或发明方面的书籍中查阅）。假如你在未签署保密协议的情况下向对方透露了你的创意，则对方有可能窃取你的创意。

你可以从《托马斯美国企业名录》（*Thomas Register of American Manufacturers*）中查找相关的厂商。大多数图书馆都收藏了该名录的图书版本。登录网站www.thomasregister.com即可查询其电子版本。该名录几乎囊括了所有在北美经营的公司和生产的产品。

推销你的发明

年轻的发明人通常不会独自推销发明，而是和家人一道推销。有些家庭会帮孩子创办一家公司来推销。还有些家庭会帮孩子将发明授权给别的公司。

有些情况下，年轻的发明人只是为了完成学校布置的任务，没有想到最后会销售自己的发明。这样的情况通常是在发明本身比较简单、低廉的时候。发明的模型能够很容易地被他人使用。

不丢球的长曲棍球

凯特琳·费尔韦瑟（Kaitlin Fairweather）来自新罕布什尔州阿默斯特，她在12岁那年、读六年级的时候发明了一种长曲棍球的训练辅助装备。她以前经常在自家房子后面的草地上练习长曲棍球，偶尔就有把球打到树林里而丢失的情况。每只球价值2.5美元，球越丢越多，损失也越来越大。于是她找来一个小的网兜，放了一只球在里面，然后将一根橡皮绳系在网兜上，再把橡皮绳的另一端用夹子夹在她的棍子上。这样一来，被她抛出去的球也能自己弹回来了。

凯特琳将她的发明命名为“不丢球的长曲棍球”，其主要的功能就是为了防止丢球。她还将这个名字用到了她的宣传广告上：不丢球的长曲棍球，一球在手，别无所忧。她甚至编了一曲相同主题的广告歌：

“还在浪费时间去找球？

有了不丢球的长曲棍球，

什么都不愁……”

凯特琳的第一个模型有一根10英尺长的绳子。为了检验它是否适用于年龄更大、身体更强壮的人，她请了一位高中校队的队员来测试。结果绳子断了。她换了一根更粗更结实的橡皮绳，但球又弹回得太快了。她意识到不熟练的球手是不可能做出如此迅速的反应的，她反复试验，直到最后才确定12英尺是理想的长度。改进后的版本能同时适用于熟练的和不熟练的球手。然后她找了一个特氟龙涂层的网兜给模型装上，因为这样的网兜经久耐用。在学校的发明展览会上，她把改进好的不丢球的长曲棍球带了过去，并现场做了示范。

尽管她没有获得任何奖项，但见识过的朋友都想得到这样一个练习装备。凯特琳和她的母亲萨拉决定亲手制作六打不丢球的长曲棍球，然后拿到巡回比赛的赛场上售卖。所有的装备在两小时之内销售一空。她的母亲回忆说：“大家都叫我们拿到网上去卖，但是做网兜实在太费功夫了。”凯特琳补充说：“我们从商店里采购的原材料，价格都是原价，没有一点折扣。如果是公司来批发原材料的话，价格就会低很多。”

凯特琳不知道自己的这款装备是否属于发明，她做了调研，并在此过程中发现

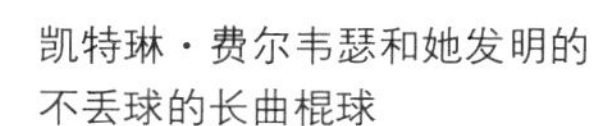

凯特琳·费尔韦瑟和她发明的不丢球的长曲棍球

了几家可能愿意得到授权的公司。其中一家专门经营长曲棍球装备的公司——布莱恩公司（Brine Inc.）就位于邻近的马萨诸塞州，凯特琳便约见了该公司的代表。她在父亲的陪同下与对方见了面，把她的模型和展览会上用的展板拿出来，向对方讲解自己的发明。她强调了装备如何有效，如何受到同龄人的欢迎。

这家公司的主管表示愿意得到授权，但前提是凯特琳能申请到专利。于是凯特琳的父亲和他的一个从事专利代理的律师朋友一起申请了专利，并注册了商标：No Loss Lacrosse™。“我有些朋友根本不相信这是真的，”凯特琳说，“有点不可思议了。虽然我现在仍然没太弄明白怎么回事，但我能说这是我发明的就很酷了。”凯特琳的发明现在由布莱恩公司独家销售，其产品名称为“布莱恩回球棍”（Brine Ball Returner）。而凯特琳的注册商标No Loss Lacrosse™也同时出现在产品包装上。

为你的发明授权

凯特琳一家选择以授权的方式来销售她的发明。他们没有自己成立公司，而是找到一家公司来为他们生产和销售产品。通过授权，你允许有资质和设备的公司在一定期限内使用或销售你的发明，并因此获得相应的报酬。授权的合同可能会比较复杂，但主要的内容如下：

- 在一定期限内将发明的权利授予或出售给一家公司，这是排他性授权。如果授予或出售给多家公司，也就是说，有多家公司可同时出售你的发明，这是非排他性授权。

- 绝大多数的授权合同都是以版税来支付发明人报酬的，也就是说，发明人所获得的报酬要根据实际销售的产品数量来决定。版税可能是销售价格的5%或以上。比如，一家公司利用你的发明销售了4万件商品，每件售价10美元，那你的5%版税就是两万美元。

- 版税要根据合同约定的时间表来支付，可以是一年支付一次或两次或三次。
- 某些合同中，发明人会要求公司尽最大努力来销售产品。
- 某些合同要求公司每年的销售量要达到多少额度才能续签合同。

寻找销售公司的方法，跟寻找生产厂商的方法差不多。你可以到商店去看看与你的发明相类似的产品，记下产品的制造商。你也可以翻阅杂志、目录或到网上搜索，找到相关的产品和公司。如果你发明了一款玩具，就要重点关注制造类似玩具的公司。如果你发明了体育用品，就查询一下经营体育器材的公司。如果你发明了一个学习游戏，就看看教育行业的公司或游戏公司。

你可以到当地的图书馆查询公司的信息，找到可能愿意销售或者既生产又销售你的发明的公司。有很多信息为你提供公司的名录以及公司的经营状况（是良好或是勉强维持）。参见如下三种来源：

1. 托马斯美国企业名录（Thomas Register of American Manufactures）：多卷本图书，不仅包含制造商，同时也包含那些集制造、营销和销售于一体的公司。可登录网站www.thomasregister.com。

2. 标准普尔企业名录（Standard & Poor's Register of Corporations）：有图书版本，也有在线资源，网站是www.standardandpoors.com。通过查询，可了解你所感兴趣的公司是否财务状况良好。

3. 邓恩与布雷兹特里特征信公司（Dun & Bradstreet）：该公司的数据库里保存了数百万公司的信息。可查阅公司的图书版本资料，或登录网站www.dnb.com/us/。

列出你的目标公司，给每一家公司写信，谈一谈你对他们公司现有产品的了解，并说明你的发明如何能与他们的产品线匹配。你应当询问以下问题：“贵公司是否有一套提交新产品建议的标准流程？如果有，能告诉我流程的具体内容吗？如果没有，贵公司可先签署我在信中附带的保密协议，然后了解我的发明信息。”有些发明人还在他们发给公司的所有信件和文件上注明“保密”的字样。

孩子们的发明

幼儿防泼洒碗

来自艾奥瓦州锡达拉皮兹的亚历克西娅·阿伯内西（Alexia Abernathy）发明了一款供幼儿使用的可防止泼洒的碗。她的临时保姆有一个两岁的儿子，她看到这个小男孩一边拿着装麦片粥的碗一边走路。“他就是不想别人帮忙，”亚历克西娅回忆说，“麦片和牛奶在碗里晃来晃去，最后全洒出来了。于是我就想到要把一个小的塑料碗用热熔胶粘在一个大的碗里面。”大的碗上面有一个盖子。她把盖子的中间部分给抠出来，再把盖子给盖回

亚历克西娅·阿伯内西发明的幼儿防泼洒碗广告

去。当男孩边拿着碗边走路的时候，小碗里面的麦片粥会溅到大碗里面，而大碗上面的盖子又能防止麦片粥从大碗里面溅出来。

在1992年的艾奥瓦发明比赛中，亚历克西娅发明的幼儿防泼洒碗获奖，赢得众人的青睐。她当时正上五年级，同她的父母商量如何去开发这款产品，将其推向市场。她的父亲虽然是一名律师，但并不从事专利业务，于是他给一位做专利律师的朋友打了电话。亚历克西娅还记得父亲的朋友所提的建议："他说，'专利申请需要五千美元。有很多有专利的人都没有开发出产品。如果你的产品卖不出去，为什么还去花这个冤枉钱呢？'"

为了将自己的发明出售给公司，亚历克西娅和她的父亲一起到当地的商店找婴幼儿产品，查看这些产品的信息。他们总共找到了14家目标公司。在父亲的帮助下，亚历克西娅给这些公司都写了信。"我一开始是想引起他们的注意，"已经上大学的亚历克西娅回忆说，"我写的是，'你好，我是亚历克西娅·阿伯内西，我是个11岁大的发明人。'"她听从了父亲朋友的建议，没有在信中过多地透露发明的信息，而是要求感兴趣的公司主动联系她。这样可以保护她的创意不被剽窃。

在给那些感兴趣的公司写第二封信的时候，亚历克西娅和她的父亲在信里放了一份保密协议。如果公司不愿意签署这份协议，他们就不会透露任何更多的信息给公司。如果公司愿意签署，他们就把发明的照片和相关的说明一起发给公司。父女两人还保留了信件作为证据。任何公司生产出类似的产品都是有剽窃嫌疑的。

差不多有一半的公司表示愿意了解更多的详情。因此，亚历克西娅自制了一段视频来讲解她的发明。"我成了自己的小代言人，"她评价道。

有家位于罗得岛州东普罗维登斯的名叫"小朋友公司"的儿童用品制造商，他们决定购买亚历克西娅的发明，将其开发为一款名为"Oop! Proof No-Spill Bowl"的产品。亚历克西娅和她父亲与公司签订了协议，并申请了专利。在亚历克西娅14岁生日的那天，即1994年11月24日，他们获得了第5366103号专利。亚历克西娅将专利的使用权授予了小朋友公司。公司在1994年至1997年三年间销售了四万件防泼洒的碗，总销售额达到10万美元。

发明人的话

"我发明的碗只是为了完成学校布置的任务。我本来没太当回事的，但它却为我创造了一个非常好的机遇，为我开辟了一些不同寻常的道路。如果你不去尝试，就永远也不会知道结果。"

——亚历克西娅·阿伯内西，1996年因发明幼儿防泼洒碗而入选全美青少年发明家名人堂

练习

一、推销你的发明

1. 给你的发明定价

推销的首要步骤之一就是根据成本给你的发明定价。先把每样原材料的成本加总。接着再估计下制作一件产品所需要的时间。将你的最低工资乘以时间就得到人力成本。将原材料成本和人力成本相加，然后再加上利润得出一个价格。怎么样，你认为这个价格是合理的吗?

2. 确定目标群体

假设你有了一个很了不起的发明，也做出了一个很棒的样品。谁会购买你的产品呢？换句话说，你的目标客户是谁呢？是小孩子，老年人，还是从事某一项运动的人？你需要给你的产品确定一个目标群体。把样品展示给这些人，让他们拿在手里感受一下，亲身体验一下。看看他们的反馈。然后向他们询问一些问题，比如：

• 你喜欢它的外观、颜色吗？你想改变一下吗?

• 如果你在商店里看到这样一款产品，你愿意购买吗？是给自己买还是送给别人?

• 如何评价你对它的需求程度？1—10分的话，10分最高，你会给几分?

• 你愿意支付多少价格？（与你自己的定价对比一下）或者问他们是否愿意支付你自己的定价。

这些人的反馈也许会帮助你调整产品，或者鼓励你去销售产品。

二、为你最喜欢的产品或你自己的发明设计一个广告

• 设计一个广告。你在杂志和报纸上看过无数的广告，找一些很吸引你的广告，效仿它们。然后，为你自己的发明设计一个广告，包含一张照片或图画、一句广告语，以及劝说人们购买的理由。

• 设计一个包装。设计一个漂亮的包装，包装上包含产品的名称、一个图形和一句广告语。

• 写一段30秒的广播广告。

• 写一首广告曲。

附录一 推荐阅读书目

Caney, Stephen. *Invention Book.* New York: Workman, 1985.

Casey, Susan. *Women Invent! Two Centuries of Discoveries That Have Shaped Our World.* Chicago: Chicago Review Press, 1997.

Elias, Stephen, and Kate McGrath. *Trademark: How to Name Your Business and Product.* Berkeley, Calif.: Nolo Press, 1992.

Hitchcock, David, Patricia Gima, and Stephen Elias. *Patent Searching Made Easy: How to Do Patent Searches on the Internet and in the Library.* Berkeley, Calif.: Nolo. Com, 1999.

Jones, Charlotte Foltz. *Mistakes That Worked: 40 Familiar Inventions and How They Came to Be.* New York: Doubleday, 1991.

Kassinger, Ruth. *Reinvent the Wheel: Make Classic Inventions, Discover Your Problem-Solving Genius, and Take the Inventor's Challenge.* New York: John Wiley & Sons, 2001.

Knapp, Zondra. *Super Invention Fair Projects: How You Can Build a Winning Invention.* Los Angeles: Lowell House Juvenile, 2000.

Lo, Jack, and David Pressman. *How to Make Patent Drawings Yourself.* Berkeley, Calif.: Nolo Press, 2003.

Mariotti, Steve. *The Young Entrepreneur's Guide to Starting and Running a Business.* New York: Three Rivers Press, 2000.

Platt, Richard. *Smithsonian Visual Timeline of Inventions.* New York: Dorling Kindersley, 2001.

Pressman, David, and Richard Stim. *Nolo's Patents for Beginners,* 3rd edition. Berkeley, Calif.: Nolo Press, 2002.

Sobey, Ed. *How to Enter and Win an Invention Contest.* Berkeley Heights, N.J.: Enslow, 1999.

Thimmesh, Catherine. *Girls Think of Everything.* New York: Houghton Mifflin, 2000.

Tomecek, Stephen, and M. Stuckenschneider. *What a Great Idea: Inventions That Changed the World.* New York: Scholastic, 2003.

Tucker, Tom. Brainstorm! *The Stories of Twenty American kid Inventors.* New York: Farrar, Straus and Giroux, 1995.

VanCleave, Janice. *Science Project Workbook.* Hoboken, N.J.: John Wiley & Sons, 2003.

Wilson, Antoine. *Be a Zillionaire: The Young Zillionaire's Guide to Distributing Goods and Services.* New York: Rosen Publishing Group, 2000.

Wulffson, Don L. *The Kid Who Invented the Trampoline and More Surprising Stories about Inventions.* New York: Dutton Children's Books, 2001.

附录二 实用网站

About.com (inventors.about.com/od/firststeps)

该网站讲述青少年发明人的故事，提供各年龄段和不同国家的发明人的网页链接，汇集了大量如何从事发明的信息。

Activities for Young Inventors (inventors.about.com/cs/kidactivities)

该网站针对青少年发明人提供各种发明相关的网站链接。

Bill Nye the Science Guy (www.billnye.com)

该网站是一个科学论坛，不仅有科学问答的内容，还有各种演示和资讯。

By Kids For Kids (www.patentcafe.com/dicovery_cfae/index.html, www.bkfk.com/)

该公司开办了一家儿童俱乐部，主办了一本在线杂志，以帮助青少年发明人获得大量的资源。公司已经成功代理了各类青少年发明成果的授权（详情参见网站）。

International Federation of Inventors (www.invention-ifia.ch/ifiayouth.htm)

该网站提供世界各地青少年发明项目的信息。

InventorEd,Inc.Presents:Kids Inventor Resourses (www.inventorEd.org/k-12)

该项目由独立企业家、咨询师、美国发明的倡导者——罗纳德·赖利（Ronald J. Riley）创建，旨在为青少年提供各种发明人资源。

Lemelson-MIT Program (web.mit/edu/invent)

进入该网站可以了解青少年、成年人的发明成就和正在进行的发明项目，查看勒梅尔森–麻省理工基金会提供的项目和奖项。

Macrothesaurus (users.erols.com/cohenjosh/120600inve.html)

该网站提供一个在线目录，包含世界各地的发明人联合会、论坛、赞助基金、出版物以及相关资源。

The National Gallery for America's Young Inventors (www.pafinc.com)

该网站是一个在线博物馆，主要收藏和宣传美国青少年的优秀发明成果。每年都有六名幼儿园至12年纪的发明人入选名人堂。

Profiles of women inventors (inventors.about.com/cs/womeninventors/)

该网站提供女性发明人的信息。

Profiles of black inventors (inventors.about.com/od/blackinventors/)

该网站提供黑人发明人的信息。

U.S. Patent and Trademark (www.uspto.gov/)

该官方网站提供有关专利和商标的信息。可在该网站进行专利和商标搜索。在“少儿网页”上查询游戏、智力玩具和活动等。

Junior Achievement (www.ja.org)

该组织的运作覆盖近一百个国家。通过与商界、教育界的合作，该组织以亲身体验的方式来帮助青少年理解生活中的经济学。

BizTech Online Entrepreneurship Program (www.nfte.com)

该项目是一个在线互动课程，内容简单易学、妙趣横生，提供定时的小测验、知名企业家的人生履历、“网络实地考察”，以及一个在线的商业策划和商业游戏平台。所有的活动安排都旨在帮助学员制订一项商业计划（收费20美元）。课程的主办方为美国企业家精神培养基金会（National Foundation for Teaching Entrepreneurship, NFTE），基金会的使命是培养11至18岁青少年的企业家精神。

附录三 发明比赛、项目和营地活动

州级项目

Connecticut Invention Convention (CIC)

P.O. Box 230311

Hartford, CT 06123-0311

www.ctinventionconvention.org

“康涅狄格州发明大赛”始于1983年，是一个非营利性的教育机构，旨在弘扬批判性和创造性的思维模式。该比赛对全州幼儿园至八年级的学生开放，资金来源全部为企业和私人捐赠，董事会和工作人员也均为志愿者。该比赛与其他相关组织颁发各种奖项。

Invent Iowa State Invention Convention

Tel: (800) 336-6463 (toll-free)

E-mail: clar-baldus@uiowa.edu

www.uiowa.edu/~belinctr/special-events/inventia

“艾奥瓦州发明大赛”针对全州幼儿园至12年级的学生开放。主办方为康妮·贝林－杰奎琳·布兰克英才教育和人才培养中心（Connie Belin & Jacqueline Blank Center for Gifted Education and Talent Development），赞助方为艾奥瓦大学的贝林－布兰克中心、艾奥瓦大学及艾奥瓦州立大学的工程学院、艾奥瓦知识产权法律联合会、艾奥瓦生物技术联合会，以及罗克韦尔·柯林斯（Rockwell Collins）。赢得州级最高奖项的发明人可获得奖学金和50美元的储蓄债券。其他感兴趣的组织机构也可使用该项目及其免费课程。

New Hampshire Young Inventors Program (YIP)

24 Warren Street

Concord, NH 03301

Tel: (603) 228-4530

Fax: (603) 228-4730

E-mail: info@aas-world.org

www.aas-world.org

“新罕布什尔州青少年发明家计划”创建于1986年，隶属私立非营利性组织——应用科学学会（Academy of Applied Science，1963年成立）。该计划面向幼儿园至8年级的学生开放。应用科学学会已经联合史密森学会美国国家历史博物馆（Smithsonian Institution's National Museum of American History）的勒梅尔森中心（Lemelson Center），面向全国展示该计划的发明成果。

团队比赛

Christopher Columbus Awards

E-mail: success@edumedia.com

www.christophercolumbusawards.com

“哥伦布奖”由哥伦布基金会与美国国家科学基金会共同赞助。在成人教练的帮助下，由六年级到八年级学生组成三到四人的团队合作研究社区问题，向科学家、商人和立法者等专家咨询，并利用科技来开发创新型解决方案。奖品包括：邀请八组决赛团队的成员及教练免费到迪斯尼乐园参加“全国冠军周”，外加200美元的奖金帮助团队进一步完善其创意。将有两个团队获得2000美元的储蓄债券，团队各成员获纪念奖牌一块，团队的学校获纪念奖牌一块。将有一个团队获得25000美元的启动资金，以资助团队在社区环境下实现其创意。

eCybermission

E-mail: missioncontrol@ecybermission.com

www.ecybermission.com

由美国陆军赞助的在线竞赛，号召学生使用数学、科技解决社区问题。参赛对象包括：美国本土公立或私立学校、国防部主办的海外学校、美国本土的家庭学校或者由美国公民在家庭内教授的六年级、七年级、八年级或九年级的学生。奖品包括最高可达5000美元的储蓄债券。

ExploraVision

Toshiba/NSTA ExploraVision Awards

1840 Wilson Boulevard

Arlington, VA 22201-3000

Tel: (800) EXPLOR9 (toll-free)

E-mail: exploravision@nsta.org

www.exploravision.org

ExploraVision发明大赛，由东芝公司和全国科学教师联合会（National Science Teachers Association）赞助，面向幼儿园至12年级的学生，要求学生对一项现有的技术进行研究，并预见它未来的发展趋势。获奖团队的各个成员都将获得到期后价值10000美元（第一名）或5000美元（第二名）的储蓄债券。获得全国总冠军的团队成员及其父母将受邀参加六月份在华盛顿举行的“ExploraVision颁奖周”活动。同时还提供地区性和鼓励性奖项。每个提交作品的参赛选手都将获得一份礼物。

InvenTeams

The Lemelson-MIT Program

Massachusetts Institute of Technology

77 Massachusetts Avenue, Room E60-215

Cambridge, MA 02139

Tel: (617) 253-3352

E-mail: inventeams@mit.edu

www.inventeams.org

这是一个全国性的勒梅尔森–麻省理工学院项目，面向由教师及专业人士指导的高中生团队，奖金高达10000美元。该项目要求学生针对某一问题进行一项发明创新，然后为学生提供样机制造的资金。

TOYchallenge

9170 Towne Center Drive, Suite 550

San Diego, CA 92122

www.toychallenge.com

这是由宇航员萨莉·赖德与史密斯学院、孩之宝公司共同发起的“玩具挑战”大赛，面向美国本土及领土的五至八年级学生团队。参赛团队必须拥有三至八名成员（至少一半的成员为女生），必须有一名年龄不低于18周岁的教练（可以是教师、商人或社区成员）。比赛的目的是要发明、设计一种互动式的学习玩具或游戏。每一场地区展会将为五个参赛团队颁发250美元的奖金，以资助他们在全国展会上展示其玩具。比赛最终决产生三个获奖团队，奖品包括：受邀参加“太空营地”的活动、孩之宝公司根据获奖人形象定制的玩偶、“Thames & Kosmos”牌电动汽车及实验箱。

个人比赛

Challenge List

c/o Partnership for America's Future Inc.

80 W. Bowery Street, Suite 305

Akron, OH 44308-1148

Tel: (330) 376-8300

Fax: (330) 376-0566

E-mail: pafinc@ameritech.net

www.pafinc.com/students/challenge.htm

该项目由美国未来合伙人公司（Partnership for America's Future Inc.）主办，参赛人必须是该机构（同样也是全美青少年发明家名人堂的主办方）的成员。

挑战内容包括以发明创新来解决诸如自行车夜间骑行的安全问题、如何驱除有害鸟类等问题，也可以包括非发明类活动，如对教育理念的阐释。若获奖选手创造出新的阐释某一教育理念的方法，并被收入《弗雷科学目录》（*Frey Scientific Catalog*）的话，就能因此获得版税。

The Craftsman/NSTA Young Inventors Awards Program

National Science Teachers Association

1840 Wilson Boulevard

Arlington, VA 22201-3000

Tel: (888) 494-4994 (toll-free)

E-mail: younginventors@nsta.org

www.nsta.org/program/craftsman

该项目始于1996年，专门面向美国本土及领土的二至八年级学生。要求学生发明或改进一件工具，让生活变得更加便捷。入围全国总决赛的12名选手将获得5000美元的储蓄债券，并受邀参加全国颁奖典礼。其他获奖选手也将获得250至500美元不等的储蓄债券。

Invent America! Student Invention Contest

United States Patent Model Foundation

Invent America!

P. O. Box 26065

Alexandria, VA 22313

Tel: (703) 942-7121

Fax: (703) 461-0068

E-mail: inquiries@inventamerica.org

该比赛由美国专利模型基金会（United States Patent Model Foundation）所属的非营利性教育项目“发明美国！”（Invent America!）主办，参赛对象为已购买该项目培训课程的学校或家庭中幼儿园至八年级的学生。奖品包括美元的储蓄债券和一份获奖证书。

Inventive Kids Around the World Contest

Inventive Women Inc.

401 Richmond Street W, Suite 228

Toronto, Ontario, Canada M5V 3A8

www.inventivekids.com

这是由加拿大“创意妇女计划”（Inventive Women）赞助的“世界儿童发明大赛”，每年举办一次，向全世界7至12岁的儿童征集发明创意，其类别可以是安全、健康、环境及日常生活方面的。每次比赛入围前三名的选手将获得一件“创意儿童”T恤、一份“优秀创意”证书，他们的获奖作品也将在Inventive Kids Web的网站上得到展示。

The Kid Inventor Challenge (K.I.C.)

Wild Planet's Kid Inventor Challenge

P. O. Box 194087

San Francisco, CA 94119-4087

www.wildplanet.com

www.kidinventorchallenge.com

这是由野性星球玩具公司（Wild Planet Toys Inc.）主办的“儿童发明挑战大赛”，参赛对象为生活在美国或加拿大（魁北克省除外）的6至12岁儿童。要求孩子们发明一种非暴力型的玩具，给玩具画一张草图，并写一段简短的介绍。公司将选出100名选手来担任为期一年的玩具顾问。玩具顾问将获得公司赠送的玩具，并对玩具给出评价。有少数孩子的创意被公司制作成了玩具。

Student Ideas for a Better America

c/o Partnership for America's Future Inc.

80 W. Bowery Street, Suite 305

Akron, OH 44308-1148

Tel: (330) 376-8300

Fax: (330) 376-0566

E–mail: pafinc@ameritech.net

www.pafinc.com

“共建美国学生创意月赛”由非营利性机构美国未来合伙人公司（Partnership for America’s Future Inc.）主办，该机构同样也是全美青少年发明家名人堂的主办方。比赛面向幼儿园至8年级和9年级至12年级的学生，要求学生构思一个新的阐释某一教育理念的方法，或提交一件新产品的创意（也可以是对现有产品的改进创新）。每月评选出来的各组别中最优秀的创意（幼儿园至8年级和9年级至12年级）将获得100美元的奖金。获奖人均有可能入选全美青少年发明家名人堂；创意若被收入《弗雷科学目录》前5页，还可以获得版税。

奖项

The National Gallery for America’s Young Inventors

Partnership for America’s Future Inc.

80 W. Bowery Street, Suite 305

Akron, OH 44308-1148

Tel: (330) 376-8300

Fax: (330) 376-0566

E-mail: pafinc@ameritech.net

www.pafinc.com

www.pafinc.com/gallery/index.htm

“全美青少年发明家名人堂”汇集了美国优秀的青少年发明人，每年都会有六名幼儿园至12年级的学生入选。申请人必须在全国性的发明比赛中获奖，拥有一项发明专利或正在申请一项发明专利，或者其发明已经衍生成为一件全国范围内售卖的商品。奖品包括：永久地展示发明人的作品、邀请发明人参加颁奖典礼、美元储蓄债券。

科学展览会及比赛（团队或个人参加）

The Discovery Channel Young Scientist Challenge (DCYSC)

Science Service

1719 N Street, NW

Washington, DC 20036

Tel: (202) 785-2255

www.sciserv.org

www.discovery.com/dcysc

“探索频道青少年科学家挑战赛”由探索传播公司与美国科学服务社联合创办。每年都有超过六千名学生向美国科学服务社下属的科学及工程展览会递交他们的科学项目。展览会负责人将从递交项目的学生中挑选六千名中学生，推荐他们参加“探索频道青少年科学家挑战赛”——这也是同类比赛中唯一针对五至八年级学生的比赛。

The Intel International Science and Engineering Fair (Intel ISEF)

Science Service

1719 N Street, NW

Washington, DC 20036

Tel: (202) 785-2255

www.sciserv.org

“英特尔国际科学与工程学博览会”由美国科学服务社于1950年创办，是世界上最大规模的进大学前的科学盛会。每年都有上百万的9至12年级学生参加各种地区性展览会以及世界各地近500场由英特尔国际科学与工程学博览会组织的展览会，其中有超过1300名选手从近40个国家的比赛中胜出，赢得最终决赛的机会。决赛分为14个类别，奖品包括大学奖学金、实习机会、现金奖励，以及科学主题的旅行机会，总价值达300万美元。最高奖项为“英特尔青年科学家奖”，包括50000美元的大学奖学金。英特尔公司自1996年起就一直为该比赛冠名。

Intel Science Talent Search (STS)

Science Service

1719 N Street, NW

Washington, DC 20036

Tel: (202) 785-2255

www.sciserv.org

每年都有超过1500名学生报名参加“英特尔科学人才探索奖”，入围决赛的选手将争夺10万美元奖学金的最高奖项。参赛对象包括美国本土及领土内就读的高三学生和海外就读的美国籍学生。这场声望极高的比赛创建于1942年，其最高奖项通常被称为“少年诺贝尔奖”。

The Siemens Westinghouse Competition in Math, Science & Technology

Siemens Foundation

170 Wood Avenue South

Iselin, NJ 08830

Tel: (877) 822-5233 (toll-free)

Fax: (732) 603-5890

E-mail: foundation@sc.siemens.com

“西门子西屋数学与科技大赛”面向高中生开放。该比赛由大学董事会主办，西门子基金会赞助。个人或两三人的团队都可以参加，参赛者提交的研究报告将由知名大学和国家实验室的科研专家团队进行公正的评判。地区优胜者可以参加在华盛顿特区举行的全国总决赛。赢得冠军的个人和团队将获得10万美元的大学奖学金。亚军选手则获得1万至5万美元不等的大学奖学金。地区优胜者获得1000至6000美元不等的奖品。

营地活动

Camp Invention

221 South Broadway

Akron, OH 44308-1505

Tel: (800) 968-4332

Fax: (330) 849-8528

E–mail: campinvention@invent.org

“发明夏令营”是针对二至六年级的学生开展的为期一周的营地活动，范围涉及45个州，由Invent Now和美国国家发明家名人堂（National Inventors Hall of Fame）共同主办。

Kids Invent Toys!

Kids Invent!

1662 E. Fox Glen Avenue

Fresno, CA 93720

Tel: (559) 434-3046

Toll Free: (866) KIT-KIDS ([866] 548-5437)

Fax: (559) 278-5914

E-mail: info@kidsinvent.com

www.kidsinvent.com

“儿童玩具发明夏令营”是针对小学至初中的学生开展的为期一周的营地活动，范围涉及多个州。可登录网站查询有关发明培训的活动。

女生参加的营地活动

EXITE (Exploring Interests in Technology and Engineering Camp)

www.ibm.com/us (search the site for EXITE Camps)

Tel: (800) IBM4YOU

“探索技术与工程乐趣的营地活动”是IBM公司“科技女性幼儿园至高中培养计划”（Women in Technology K-12 Program）中的一部分，该计划的目的正是为了培养女生对数学和科学的兴趣。营地活动在世界各国举办。提供各种亲身体验的机会，包括设计网页、操作激光仪器及机器人等。

Sally Ride Science Camp

www.sallyridecamps.com

“萨莉·赖德科学营地活动”专门为六至八年级的女生提供为期一周亲身体验不同科学领域的机会，仅在加利福尼亚州和佐治亚州开展。

Science Technology and Engineering Preview (STEPS)

Summer Camp for Girls

One SME Drive

P. O. Box 930

Dearborn, MI 48121-0930

Tel: (313) 271-1500

www.sme.org

这是专为女生举办的科技与工程体验夏令营，由制造工程师协会（Society for Manufacturing Engineers, SME）创办，威斯康星 – 斯陶特大学联合主办。该活动已经向明尼苏达州和密歇根州推广，正在计划向其他州推广。招收对象为居住在某些州的六年级女生，营员有一周的时间来体验科学、技术和工程的世界。营员免交学费，居住在学校内。

Tech Trek Camps

www.aauw-ca.org/program/techtrek.htm

该营地活动由美国大学女性联合会（American Association of University Women）赞助。

还有许多其他由公司、组织赞助的营地活动，旨在鼓励孩子们在数学、科学和技术的领域培养技能，增进知识。

项目

包括可供团队、家庭、机构或组织购买的为营地或发明项目所设计的课程。

Energy Power Camp

c/o Partnership for America's Future Inc.

80 W. Bowery Street, Suite 305

Akron, OH 44308-1148

Tel: (330) 376-8300

Fax: (330) 376-0566

E-mail: pafinc@ameritech.net

www.pafinc.com/energy/index.htm

“能源电力训练营”是针对某个为期一周的项目所提供的培训课程，招收对象为六至八年级学生。由美国未来合伙人公司（Partnership for America's Future Inc.）主办，该机构同样也是全美青少年发明家名人堂的主办方。课程的重点在于学习有关移动电源的知识，设计移动电源装置，了解发明和企业家精神。

Invent America!

United States Patent Model Foundation

Invent America!

P. O. Box 26065

Alexandria, VA 22313

Tel: (703) 942-7121

Fax: (703) 461-0068

E-mail: inquiries@inventamerica.org

www.inventamerica.com/contest.cfm

“Invent America!”始于1987年，是美国专利示范基金会（United States Patent Model Foundation）的一个非营利性教育项目，面向幼儿园至八年级学生。学校或家庭可以购买该项目的课程包，其中有对孩子们进行分步骤指导的手册，帮助孩子们开展自己的发明项目。同时，课程包里还有参加全国性“Invent America!学生发明比赛”的报名表。

Invention Convention

www.eduplace.com/science/invention

这是由霍顿–米夫林出版公司（Houghton-Mifflin Publishing Company）推出的一个专门介绍如何组织发明展会的网站，为组织过程的方方面面提供指导。注意，“发明展会”（Invention Convention）这个术语也被许多学校和组织用于指代其开办的发明项目。

Inventive Thinking Curriculum Project

www.uspto.gov/web/offices/ac/ahrpa/opa/projxl/invthink/invthink.htm

“创新思维课程”是美国专利商标局的一个外展项目，可在线使用。

Inventucation

c/o Partnership for America's Future Inc.

80 W. Bowery Street, Suite 305

Akron, OH 44308-1148

Tel: (330) 376-8300

Fax: (330) 376-0566

E-mail: pafinc@ameritech.net

www.pafinc.com

可供学校采用的“发明教育项目”包含两大板块：学习发明相关知识和亲身体验发明。学校可以长期开设该课程，为学生提供这两大板块的活动，也可以邀请项目代表前往现场组织为期两周的培训活动。

Meant to Invent

c/o New Hampshire Young Inventors Program

24 Warren Street

Concord, NH 03301

Tel: (603) 228-4530

Fax: (603) 228-4730

E-mail: info@aas-world.org

www.aas-world.org

这是“新罕布什尔州青少年发明家计划”所使用的培训课程，由应用科学学会赞助，专门针对幼儿园至八年级的学生。应用科学学会已经联合史密森学会美国国家历史博物馆的勒梅尔森中心，面向全国展示该计划的发明成果。其他组织也可使用该课程。

Young Inventors Program

c/o Success Beyond the Classroom

4001 Stinson Boulevard N.E., Suite 210

Minneapolis, MN 55421

Tel: (512) 638-1500

E-mail: cmac@ecsu.k12.mn.us

www.ecsu.k12.mn.us/yif

www.successbeyond.org

这是“艾奥瓦州发明大赛”（Invent Iowa）所使用的培训课程。其他组织也可购买该课程。